不焦虑的活法

■ 罗　金/编著

台海出版社

图书在版编目(CIP)数据

不焦虑的活法 / 罗金编著. —北京:台海出版社,
2016.3

ISBN 978-7-5168-0912-9

Ⅰ.①不… Ⅱ.①罗… Ⅲ.①焦虑–自我控制–通俗
读物 Ⅳ.①B842.6-49

中国版本图书馆 CIP 数据核字(2016)第 052136号

不焦虑的活法

编　著:罗　金

责任编辑:王　萍

装帧设计:天下书装　　　　版式设计:通联图文

责任校对:周　蕴　　　　　责任印制:蔡　旭

出版发行:台海出版社

地　址:北京市朝阳区劲松南路1号,　邮政编码:100021

电　话:010-64041652(发行,邮购)

传　真:010-84045799(总编室)

网　址:www.taimeng.org.cn/thcbs/default.htm

E-mail:thcbs@126.com

经　销:全国各地新华书店

印　刷:北京柯蓝博泰印务有限公司

本书如有破损、缺页、装订错误,请与本社联系调换

开　本:710mm×1000 mm　　　1/16

字　数:205 千字　　　　　印　张:15

版　次:2016 年 5 月第 1 版　　印　次:2016 年 5 月第 1 次印刷

书　号:ISBN 978-7-5168-0912-9

定　价:36.00 元

前 言

——1——

这个时代给我们制造的落差显然有些大。

我们不得不面对这样的现实:资源在聚集,差距在急剧地拉大,上升通道有限;个人再努力,有时也改变不了自己的命运;外面的花花世界,看上去选择很多,却让我们容易选择恐惧,甚至无从选择……

因为我们不甘,因为我们不服,因为我们不能够从容面对自己生活中的一切,所以开始变得焦虑。

焦虑使我们在生活之中的各种欲望都无法得到满足,又没有发泄的途径,从而在内心之中产生一些负面情绪。

众所周知,当一个人陷入焦虑之中,就可能导致自身情绪失控,从而导致各种不良的后果。焦虑之所以能够导致各种不良后果,是因为当人们产生焦虑之后就会衍生出各种更加恶劣的情绪,比如,由焦虑而产生的自卑情绪,由焦虑而产生的抑郁情绪以及由焦虑而产生的绝望自杀的情绪……

——2——

焦虑是我们在这个时代的宿命。但是我们真的就无法改变了么? 不,正是由于焦虑情绪可能导致的可怕后果,我们一定要找到抑止焦虑的办法,让自己在生活和工作中轻松自在起来。

我们首先得找到自我,认清价值才能张扬个性、独立思考;其次,个体认识有差距,所以个体与个体之间、个体与社会甚至国家或民族之间不一定完全协调,所以必须具有法治意识并尊重秩序;再次,个性在秩序规范下,我们还需要思考历史、眼观世界,这就是所谓常识——事实上,尊严也是常识的核心价值……进而,懂得社会常识、尊严之后,便是追求自我实现——个人的幸福花朵经历自我完善的全过程之后终将绽放——此时,世界因你而不同。

我们还必须学会淡定,淡定的心态能够帮助我们坦然地面对眼前的一切,让我们清楚地认识到自己到底需要的是什么,不会再为一些无谓的事情变得焦虑不安。拥有一颗淡定的平常心,从容地去面对生活中的一切。

当一个人真正平静下来,淡定地面对自己将要经历的一切,他会发现世界变得如此简单,他不会再为一点小事而大发雷霆,也不会因为一点挫折而懊悔不已。用一颗平常心,淡定地看待世间的一切,看花开花落、云卷云舒,一切都是那么和谐、自然。

我们需要在这个浮躁时代里,不盲从,听从自己内心的声音。要有自己的价值观、人生观,适合别人的未必适合自己,别人的蜜糖有可能是自己的毒药。做自己,别做别人眼里的自己。

......

现实社会纷扰、庞杂、多元、多变、浮躁、碎片化。人们追求成功、追求财富、追求地位,希望得到尊重,但更需追求内心的安定。所以,我们需要心的锤炼,用内心指挥选择,用选择决定行动,用行动决定结果。

— 3 —

本书让你享受到生命的喜悦和宁静,这是大部分的书籍不会教给你的。

这世界上,聪明的人很多,智慧的人很少。聪明的格局很小,所以叫小聪明;智慧的格局很大,所以叫大智慧。聪明的人往往执著于成功,也往往获得了所谓的成功,却总是在成功里迷失,最终还是在命运的迷雾里无所适从,焦虑万分。而一个真正智慧的人,不执著于成功,也不畏惧失败,在成败之外随心而动,拨开命运的迷雾,明白最终的去处。

本书没有任何结论,只是一种启迪,一种指引,指引你彻底地自我解放,从一切的成见里解放出来。你会惊奇地发现,本书确实没有教你如何理财、如何治病、如何在工作里有好的发展,但是,如果你践行其中的理念,哪怕只是最肤浅层面的理念,甚至你完全不能理解其中的含义,只是为它的文字所吸引,你都能够获得一种不为外界干扰的平静的力量。当这种力量充满你的日常生活,你不会害怕失败,不会害怕生病,不会担心失业,不会恐惧死亡,不会在成功里迷失,不会在得到里无聊……

如果你不再焦虑,不再害怕,不再担心,不再恐惧,如果你任何时候都保持清醒的觉知,任何时候都具有穿透的洞察力,那么,不论你在做什么,你都会用心投入,不论什么结果,你都会满心欢喜。

目 录

第九章 诸般不美好,均可温柔相待

第十章 闲看庭前花开花落,漫随天外云卷云舒

第一章

 自己有水平，
就不焦虑生活的不公平

1.世界上永远没有你要的"公平"

接受生命不公的事实有一个好处，就是让我们不要再为自己抱屈，反而鼓励我们竭尽所能去努力。我们终于晓得，让一切变得完美，并不是"生命的责任"，而是我们的挑战。接纳这个事实也让我们不要替他人难过，因为它提醒我们，每个人都有自己的遭遇，也都有自己的特殊力量与挑战。

我们常常会看到这样一些现象：没有能力的人身居高位，有能力的人怀才不遇；少做或者不做事的人，拿的工资要比做事的人还要高；同样的一件事情，你做好了，老板不但不表扬，还要对你鸡蛋里挑骨头，而另外一个人把事情做砸了，却得到老板的夸赞和鼓励……诸如此类的事情,我们看了就生气,会理直气壮地说:"这简直太不公平了!"

公平,这是一个很让我们受伤的词语,因为我们每个人都会觉得自己在受着不公平的待遇。事实上,这个世界上没有百分百的公平,你越想寻求百分百的公平,你就会越觉得别人对你不公平。

美国心理学家亚当斯提出一个"公平理论",认为职工的工作动机不仅受自己所得的绝对报酬的影响,而且还受相对报酬的影响。人们会自觉或不自觉地把自己付出的劳动与所得报酬同他人相比较,如果觉得不合理,就会产生不公平感,导致心理失衡。

对于职场上种种不公平的现象,不管你喜不喜欢,都是必须接受的现实,而且最好主动地去适应这种现实。追求公平是人类的一种理想,但正因为它是一种理想而不是现实,所以作为职场新人,你除了适应别无选择。不管你在学校成绩多么优秀,才华多么横溢,当你离开学校进入职场之后,你与其他的人并没有什么两样,只是一个普通的新人而已。

小黄和小李同一天进公司,被安排在同一个部门。

刚开始的时候,小黄和小李没有什么两样。一周上五天班,早上九点上班,下午六点下班,上下班打卡,迟到早退要扣工资,有事不来要向人力部门请假。

一个月后,小黄发现小李变了,最大的变化就是经常不来上班,小黄以为小李有什么事情而不来上班,也没觉得什么。但很偶然的一次,小黄在公司上QQ联系一笔业务的时候发现小李也在线。小黄出于好奇就问小李:"你今天怎么不来上班呢?有事吗?不来上班要扣工资的。"小李只是说自己有事并没多说什么。出于好意,小黄问小李要不要替他请假,小李直截了当地告诉他不用,他不来上班从来就没有请过假。

等到发工资的那一天,小黄留意了一下,发现财务给小李的工资和他的一模一样,也就是说,这一个月小李迟到早退不来上班没有扣一分钱。

小黄开始纳闷了，他想，难道是公司的制度有所变化？于是，他也学小李，一周只来几天，其他的日子干别的事情去了。到了月底发工资的时候，小黄大吃一惊，自己的工资被扣掉了一半！理由是，他有一半的天数没来上班。

小黄很生气，他觉得太不公平了，气呼呼地找财务理论。财务叫他去找老板，她没有权力，只是按规定办事。

这时候，和小黄关系不错的一个老员工偷偷地告诉他："你别去找老板了，你还不知道吗？小李是他的外甥！"

小黄听了这话，吓出一身冷汗，幸好还没去找老板，否则后果不堪设想！从此以后，小黄再也不苛求所谓的公平了。

实际上，绝对的公平并不存在，不仅是职场，其他领域里也是一样，这个世界不是根据公平的原则而创造的。譬如，老鹰吃蛇，蛇又吃鼠，鼠又吃粮食……只要看看大自然就可以明白，这些受到威胁的弱者永远是不公平的，强者生存，弱者灭亡，优胜劣汰，没有绝对公平可言。一味地追求绝对的公平，只会导致心理严重失衡，使自己变得浮躁不安。

与上文中的小黄有同样遭遇的还有小夏。小夏费了很大的周折才进了一家大型国有企业。有一天，小夏他们楼层的锅炉热水器坏了，喝开水要到楼上去打。这样，每天提热水壶上楼打开水自然成了小夏分内的事，因为小夏是刚来的，又是一个年轻人，所以大家都觉得这是理所当然的事。这天上午，小夏到外面办事去了，中午回到办公室渴得不行，想喝点儿水，于是他揭开热水壶盖，一看，里面空空如也。小夏很生气，大声说从明天起轮流打开水，不能让他一个人承包，但没人响应。

于是，第二天早晨上班后他也不打开水了。结果可想而知，当天中午他就被领导叫到办公室训斥了一顿，说他太懒惰，连这点儿小事也不愿意做。

应该说，这事对小夏的确不公平，但在现代职场上，永远也不会有绝对的公平出现。道理很简单，无论社会进步到什么程度，企业管理如何扁平化，企业内部永远是个金字塔结构。既然是个金字塔，就必然会有上下之分，就必然会有不平等的现象存在。企业作为最大利润谋求者，与追求"公平"相比，它更喜欢"效率"。在一个公司内部，如果没有适当的等级制度和淘汰制度，它就会因为自己的"仁义"而失去竞争力，就会在竞争中遭到淘汰。因此，在现实生活之中，永远不会出现你想象中的那种"公平"。

反而，不争辩，放弃无谓的辩解，有时却能带给你意想不到的结果。

下面这个故事便是个很好的例子。

"您好，"王某对老总说，"昨天我交给您的文件签了吗？"老总转了转眼睛想了想，然后翻箱倒柜地在办公室里折腾了一番，最后他耸了耸肩，摊开两手无奈地说："对不起，我从未见过你的文件。"如果是刚从学校毕业，王某会义正辞严地说："我看着您的秘书将文件摆在桌子上，您可能将它丢进废纸篓了！"可现在他才不会这样说呢。既然老总能睁眼说瞎话，那又何必与他计较呢？因为结果是他只要签字就行。

于是王某平静地说："那好吧，我回去找找那份文件。"于是，王某下楼回到自己办公室，把电脑中的文件重新调出再次打印，当王某再把文件放到老总面前时，他连看都没看就签了字，其实他比王某还清楚文件原稿的去向。

说到实际，谁是谁非也并不重要，即便是你对了而上司错了，要学会开动脑筋为上司寻找一个下台的台阶，无论如何，解决冲突的前提是合作！如果你动不动就对公司的制度提出质疑，或者动不动就和老板理论，到头来往往是搬起石头砸自己的脚。

首先我们要摆正心态,不必事事苛求百分百的公平,对生活中的小事看开一点儿,不要斤斤计较,对已经过去的事情不要耿耿于怀,把精力和时间放在创造新的价值上。这样,就单个事情来说不一定公平,但从整体上来说就公平了。另外,我们还可以设法通过自己的奋发努力来求得公平。如果你觉得不公平就放弃努力,那你就错了。

最后,我们还可以改变衡量公平的标准。公平是相对而言的,衡量公平的标准也不是一成不变的,当你换个角度来看问题时,你会发觉自己得到的比失去的要多。不公平是一种进行比较后的主观感觉,因而只要我们改变一下比较的标准,也能够在心理上消除不公平感。

2.找准自己的人生定位

在古希腊帕尔索山上的一块石碑上,刻着这样一句箴言:"你要认识你自己。"卢梭曾经这样评论此碑铭:"比伦理学家们的一切巨著都更为重要,更为深奥。"显然,认识自己是至关重要的。

有这样一个故事。

一个小孩跟爸爸一起去邻居家做客,邻居很喜欢这个小家伙,就拿出糖罐说:"来,抓一把。"小孩看着糖罐,手却一动不动,邻居催促了他好几次,小孩就是不伸手。最后,邻居只好亲自动手,抓了一大把糖果塞到小孩的衣袋里。

拜访邻居之后,爸爸在回家的路上问儿子:"平时你最喜欢吃糖果了,今天怎么不自己动手拿呢?"

小孩回答说:"我的手小,抓一把肯定抓得少。他的手则大得多,还是让他抓好一些。"

很显然,这是一个非常聪明的孩子,他清楚自己的短处并巧妙地避开,从而为自己争取到了更大的好处。

每个人都有自己的长处和短处,只要清楚地认识自己,就能扬长避短,取得事半功倍的效果。

老子说:"知人者智,自知者明。"可见,认识自己是多么重要。只有认清自己,才能找到发展方向,步入正确的人生轨道。

日本保险业泰斗原一平在他27岁时,进入日本明治保险公司从事推销工作。那时的他,穷得连午饭都吃不起,而且晚上只能露宿公园。

有一天,他向一位老和尚推销保险,等他详细介绍完之后,老和尚平静地说:"你所说的话,丝毫引不起我投保的兴趣。"

老和尚注视原一平良久,接着又说:"人与人之间,像我们这样相对而坐的时候,一定要具备一种强烈吸引对方的魅力,如果你做不到这一点,将来也就没什么前途。"

原一平哑口无言,冷汗直流。

老和尚又说:"年轻人,先努力改造自己吧!"

"改造自己?"原一平问道。

"是的,要改造自己首先要认识自己,你知道自己是一个什么样的人吗?"老和尚又说,"你要替别人考虑投保之前,必须先考虑自己,认识自己。"

原一平不太理解,疑惑地问道:"先考虑自己?认识自己?"

"是的,赤裸裸地注视自己,毫无保留地彻底反省,然后才能认识自己。"老和尚意味深长地回答道。

从此,原一平开始努力认识自己,改善自己,终于成为一代推销大师。

认识自己，找准自己的人生定位，这决定了一个人事业的成败。

成功人生从正确认识自己开始，如果过高估计自己，会脱离现实，守着幻想度日，怨天尤人，怀才不遇，小事不去做，大事做不来，最终一事无成；如果过低估计自己，会产生强烈的自卑感，导致自暴自弃，结果，明明能做好的事，也会因胆怯而不敢去试，最后抱憾终生。

现实生活中，很多人只看到自己消极的一面，大部分的自我评估都包括太多的缺点、错误与无能。能够认识自己的缺点这固然是好事，但这不是消极的理由，成功者会在找到自身缺点之后努力改进，他们会全面地认识自己，决不轻视自己。他们在意识到自身缺点的同时，也会找到自己的闪光点。成功者的聪明之处在于，他们会尽力避免暴露个人缺点，而将优点发挥到极致，之后，再慢慢改掉自己的坏习惯。

综上所述，认识自己是多么重要。倘若能正确认识自己，成功时看得起别人，失败时看得起自己，那么，你一定能在激烈的竞争中保持优势，谋得发展。

（1）从现实和历史的状况中认识自己。你最近及过去的事业、工作等各方面的基本情况如何，要从多角度分析，尽可能准确、客观。

（2）从个人和大家的评价中认识自己。选择有一定代表性的个人，如你最要好的朋友，最亲密的同事等等，一般来说，他们比别人更了解你。大家的看法，可以是你任职公司的看法，也可以是某个组织的看法。

（3）从工作和学习中认识自己。了解你工作的各种情况，比如，是否热爱你的工作，业绩如何？学习的情况，你对学习怎么看，是否感兴趣，对业务学习、政治学习、专业学习持什么态度，效果如何？

（4）从事业和生活中认识自己。你的事业心怎么样，从事的是什么事业，你对自己从事的事业是满怀激情还是勉强应付，你现在有何成就？你的家庭生活怎么样，是否幸福，原因何在？

（5）从自己的强项和弱项中认识自己。在工作、学习或者爱好中，你的强项是什么，成就如何，别人怎么看？你的弱项是什么，有什么具体改善措施?

(6)从以往的成功和挫折中认识自己。成功和挫折最能反映个人性格和能力上的特点,因此,我们可以从自己成功或失败的经验教训中发现自己的特点,在自我反思和自我检查中重新认识自己。

(7)从感兴趣和讨厌的事情中认识自己。你对什么事情感兴趣,哪一种你最感兴趣?这种兴趣发展到了何种程度?这种兴趣是否高雅、正当?这种兴趣是否已经发展为爱好?在这方面做深入分析。你讨厌什么?阐述具体情况。

(8)从单位和家庭中认识自己。你在单位的表现如何,地位如何,同事怎么看你?你在家里的情况怎么样,对家庭是否有责任心?全家人怎么看你,你的父母亲、配偶怎么看你,孩子怎么看你?

(9)从生理和心理上认识自己。生理主要是指身体是否健康。心理包括的内容要多,比如,心理是否健康,心理品质如何等。分析自己的生理和心理,目的是为了更科学地评价自己。这样的评价会更全面,更准确。

(10)用传统的或者科学的方法认识自己。在人类历史上有许多如何识人识己的方法,我们可以拿来借鉴。

3.不要刻意模仿别人,你就是最棒的

我们应该庆幸,我们是这个世界上独一无二的个体,我们有着其他人不具备的天赋和能力,所以,我们完全没有必要去羡慕别人,去嫉妒别人,更没有必要去模仿别人!

虚荣心理的产生往往是某些缺乏自信、自卑感强烈的人进行自我心理调适却进入歧途的一种结果。那些缺乏自信、自卑感较强的人,为了缓

解或摆脱内心存在的自惭形秽的焦虑和压力，试图采用各种方式来进行自我心理调适，其中一个最直接的方法就是模仿别人，以缩小自己与别人的差距，进而赢得别人对自己的重视和尊敬。

春秋时代，越国的美女西施，其美貌简直到了倾城倾国的程度。无论是她的举手投足，还是她的音容笑貌，样样都惹人喜爱。西施略施淡妆，衣着朴素，走到哪里，哪里就有很多人向她行注目礼，没有人不惊叹她的美貌。

西施患有心口疼的毛病。有一天，她的病又犯了，只见她手捂胸口，双眉皱起，流露出一种娇媚柔弱的女性美。当她从乡间走过的时候，乡里人无不睁大眼睛注视。

乡下有一个丑女子，名叫东施，不仅相貌难看，而且没有修养。她平时动作粗俗，说话大声大气，却一天到晚做着当美女的梦。今天穿这样的衣服，明天梳那样的发式，却仍然没有一个人说她漂亮。

这一天，她看到西施捂着胸口、皱着双眉的样子竟博得这么多人的注目，因此回去以后，她也学着西施的样子，手捂胸口、紧皱眉头，在村里走来走去。哪知这丑女的矫揉造作使她原本就丑陋的样子更难看了。其结果，乡间的富人看见丑女的怪模样，马上把门紧紧关上；乡间的穷人看见丑女走过来，马上拉着妻子、带着孩子远远地躲开。人们见了这个怪模怪样的丑女人，简直像见了瘟神一般。

每个人都有不同的特质。东施效颦为什么很丑，就是因为东施把别人的动作姿态生硬地搬到自己身上。或许东施本来不丑，但她因为扭曲自己的个性，硬学西施的样子，终于搞成了一个什么都不是的丑八怪。所以，尊重上苍给你的才能，那才是适合你的，一味地模仿只会徒增烦恼。

每个人都有虚荣心，就像每个女人都渴望漂亮，但是漂亮不是靠模仿来的。即便你模仿得很像，那也是别人的荣誉，而不是你的。所以，要相信自己就是最棒的,敢于展示真实的自己,而不是刻意地去模仿别人。也许你没有漂亮的脸蛋,但是你有优美的嗓音;也许你没有窈窕的身材,但是你有一颗善良的心灵。总之你是独一无二的,是无可替代的,这才是只属于你的美丽!

我们每个人的个性、形象、人格都有其潜在的创造性,我们完全没有必要一味去模仿他人。卡耐基有一句名言是:"整日装在别人套子里的人,终究有一天会发现,自己已变得面目全非了!"的确,一味地模仿别人,最终只会失去自己,得不偿失。下面的这则寓言就说明了这个问题。

一只麻雀,总想学孔雀的样子。孔雀的步法是多么骄傲啊!孔雀高高地扬起头,抖开尾巴上美丽的羽毛,那开屏的样子是多么漂亮啊!"我也要像这个样子。"麻雀想,"那时候,所有的鸟赞美的一定会是我。"于是,麻雀伸长脖子,抬起头,深吸一口气让小胸脯鼓起来,伸开尾巴上的羽毛,也想来个"麻雀开屏"。麻雀学着孔雀的步法前前后后地踱着方步。可这些做法,使麻雀感到十分吃力,脖子和脚都疼得不得了。最糟的是,其他的鸟如趾高气扬的黑乌鸦、时髦的金丝雀,还有蠢笨的鸭子,全都嘲笑这只学孔雀的麻雀。不一会儿,麻雀就觉得受不了了。

"我不玩这个游戏了,"麻雀想,"我当孔雀也当够了,我还是当个麻雀吧!"但是,当麻雀还想象原来那个样子走路时,已经不行了。麻雀再没法子走了,除了一步一步地跳动外,再没别的办法了。这就是为什么现在麻雀只会跳不会走的原因。

有调查显示,一般人只用了10%的能力,也就是说,我们身体内还有90%的能力未被利用。如果我们把这些潜能挖掘出来,那么我们就有可能比那些我们羡慕的人更优秀。所以我们不应再浪费任何一秒钟,去忧虑我们不是其他人。事实也证明,模仿他人,永远不会踏上成功之路。

玛格丽特·麦克布蕾刚刚进入广播界的时候，想做一个爱尔兰喜剧演员，结果失败了。后来她发挥了她的本色，做一个从密苏里州来的、很平凡的乡下女孩，结果成为纽约最受欢迎的广播明星。卓别林开始拍电影的时候，那些电影导演都坚持要卓别林学当时非常有名的一个德国喜剧演员，可是卓别林直到创造出一套自己的表演方法之后，才开始成名。

盲目地模仿别人，必定失去自我。表面上看起来这只是个人的性格问题，其实它会给你的生活、事业套上无形的枷锁。因为，你失去了信心，失去了用自己的头脑思索问题并作出人生抉择的能力。

我们应该庆幸，我们是这个世界上独一无二的个体，我们有着其他人不具备的天赋和能力，所以，我们完全没有必要去羡慕别人，去嫉妒别人，更没有必要去模仿别人！

一件华丽的外衣，每个人都想把它穿在身上，以示自己的美丽、威严。但是，当你要用别人身上的光环来编织这件外衣的时候；当你要借助模仿别人的美丽或者成功来显示自己的时候，就意味着你已经受虚荣心的牵制，或者说已经被其控制。那么，请你看看"东施效颦"、"邯郸学步"的下场吧。记住，模仿就意味着自杀。

4.自己拿主意，不要被别人所左右

做人最可贵的事情莫过于坚持自己的看法，而不是盲目从众，以致在别人的观点里迷失了自己的人生路。

美国著名女演员索尼亚·斯米茨的童年是在加拿大渥太华郊外的一

个奶牛场里度过的。

当时她在农场附近的一所小学里读书。有一天她回家后很委屈地哭了,父亲就问原因。她断断续续地说:"班里一个女生说我长得很丑,还说我跑步的姿势难看。"父亲听后,只是微笑。忽然他说:"我能摸得着咱家天花板。"正在哭泣的索尼亚听后觉得很惊奇,不知父亲想说什么,就反问:"你说什么?"

父亲又重复了一遍:"我能摸得着咱家的天花板。"

索尼亚忘记了哭泣,仰头看看天花板。将近4米高的天花板,父亲能摸得到她怎么也不相信。父亲笑笑,得意地说:"不信吧,那你也别信那女孩的话,因为有些人说的并不是事实!"

索尼亚就这样明白了,不能太在意别人说什么,要自己拿主意!

她在二十四五岁的时候,已是个颇有名气的演员了。有一次,她要去参加一个集会,但经纪人告诉她,因为天气不好,只有很少人参加这次集会,会场的气氛有些冷淡。经纪人的意思是,索尼亚刚出名,应该把时间花在一些大型的活动上,以增加自身的名气。索尼亚坚持要参加这个集会,因为她在报刊上承诺过要去参加,"我一定要兑现诺言。"结果,那次在雨中的集会,因为有了索尼亚的参加,广场上的人越来越多,她的名气和人气因此骤升。

后来,她又自己做主,离开加拿大去美国演戏,从而闻名全球。

自己拿主意,当然并不是一意孤行,孤芳自赏,而是忠于自己,相信自己,不轻易被别人的思想所左右。但是生活中,人人都难免有从众心理,常常会为了顾及面子而依附于他人的思想和认知,从而失去独立的判断,处处受制于人。这真是一种莫大的悲哀,作为一个人,我们要有自己的主见,不可盲目地追随别人。

世间曾有一个小丑,一直很快乐地生活着。但渐渐地有些流言传到了他的耳朵里，说他到处被公认为是个极其愚蠢的、非常鄙俗的家伙。小丑窘住了，开始忧郁地想：怎样才能制止那些讨厌的流言呢？

一个突然的想法使他的脑袋瓜开了窍……于是，他一点也不拖延地把他的想法付诸实行。

他在街上碰见了一个熟人，那熟人夸奖起一位著名的色彩画家。"得了吧！"小丑提高声音说道，"这位色彩画家早已经不行啦……您还不知道这个吗？我真没想到您会这样……您是个落伍的人啦！"那个熟人感到吃惊，并立刻同意了小丑的说法。

"今天我读完了一本多么好的书啊！"另一个熟人告诉他说。

"得了吧！"小丑提高声音说道。"您怎么不害羞？这本书一点意思也没有，大家老早就已经不看这本书了。您还不知道这个？您是个落伍的人啦！

于是，这个熟人也感到吃惊，也同意了小丑的说法。

"我的朋友杰克真是个非常好的人啊！"第三个熟人告诉小丑说，"他真正是个高尚的人！"

"得了吧！"小丑提高声音说道，"杰克明明是个下流东西。他侵占过所有亲戚的东西。谁还不知道这个呢？您是个落伍的人啦。"

第三个熟人同样感到吃惊，也同意了小丑的说法，并且不再同杰克来往。总之，人们在小丑面前无论赞扬谁和赞扬什么，他都一个劲儿地驳斥。

只是有时候，他还以责备的口气补充说道："您至今还相信权威吗？"

"好一个坏心肠的人！一个好毒辣的家伙！"他的熟人们开始谈论起小丑了，"不过，他的脑袋瓜多么不简单！"

"他的舌头也不简单！"另一些人又补充道，"哦，他简直是个天才！"

最后，一家报纸的出版人，请小丑到他那儿去主持一个评论专栏。

于是，小丑开始批判一切事和一切人，一点也没有改变自己的手法和自己趾高气扬的神态。

现在,他个曾经大喊大叫反对过权威的人——自己也成了一个权威了,而年轻人正在崇拜他,而且害怕他。

你一定会说,这些年轻人真是可怜啊,可怜的有点愚蠢。虽然这个故事有点夸张,但事实上,你有没有想过,有时候,自己也有过类似这些年轻人的行为。比如,在对一件事发表看法的时候,你从来都是附和所谓"权威"人物的观点,而不敢大胆说出自己的想法,再比如,在为人处事的过程中你经常按别人的反应来决定,而不是按照自己的意愿去决定等等。这是不自信的表现,也是虚荣心在作祟,你已经成了上面故事中崇拜小丑的"俗人",丧失了按照自己意愿生活的能力。

一位通晓做人的内在法则的人士指出:"当别人对你说'快看这儿!'或'快瞧那儿'的时候,请你不要盲目地追随他们,因为幸福世界就在你的心中。"其实,何止是幸福呢,包括做人做事都是这样,你不能在听了别人对自己的看法后,就依附他们的喜好来改变自己,你要按照自己的个性生活,尽情地去展示自己的天性和美丽,而不是盲目地追随别人。

每个人都会在乎别人的看法,但是,任何事物都有一个"度",一旦你常常让别人的看法代替自己的看法,这就是一个危险的信号了。虽然人都是群居动物,都难免有从众心理,但是人生的路还要靠自己走,如果你一味地人云亦云,被人牵着鼻子走,最后将迷失自己,得不偿失。

5.不必追求每个人的满意

活得累,是现代人的普遍感受,这很大程度上是因为追求完美。可是也许你已经发现,不管自己是多么努力,行为是多么正确,自我反省是多么深刻，都永远达不到所有人对自己的要求。世界是这么大，社会是这么复杂，人的思想观点是这么的不同，要乞求人人一致地赞同一件事，是难乎其难，甚至是不可能的。聪明的人，就应该在此时避重就轻，创造一种心理导向的效应。

每个人都会有他个人的感觉，都会根据自己的想法来看待世界。所以，不要试图让所有的人都对你满意，否则你将永远也得不到快乐。

父子俩牵着驴进城，半路上有人笑他们：真笨，有驴子不骑！

父亲便叫儿子骑上驴，走了不久，又有人说：真是不孝的儿子，竟然让自己的父亲走路！

父亲赶快叫儿子下来，自己骑到驴背上，又有人说：真是狠心的父亲，不怕把孩子累死！

父亲连忙叫儿子也骑上驴背。谁知又有人说：两人骑在驴背上，不怕把那瘦驴压死？

父子俩赶快溜下驴背，把驴子四肢绑起来，用棍子扛着。经过一座桥时，驴子因为不舒服，挣扎了起来，结果掉到河里淹死了！

很多人做人做事就像这故事中的父亲，人家叫他怎么做，他就怎么做；谁抗议，就听谁的！结果呢？大家都有意见，而且大家都不满意。

一个人想面面俱到，不得罪任何人，又想讨好每一个人，那是绝对不可能的！因为在做人方面，你不可能顾到每个人的面子和利益，你认为顾到了，别人却不这么认为，甚至根本不领情的也大有人在。在做事方面，你也不可能顾到每个人的立场，每个人的主观感受和需要都不同，你要让每个人满意，事实上，就是让所有人都不满意！

结果呢？为了面面俱到，反而把自己累坏了，而因为怕对方不满意，还得察言观色，揣摩别人的心思，这多么辛苦啊！

那应该怎么做？做你该做的！也就是说，你认为对的，就不受动摇地去做,参考别人的意见要看意见本身,而不是看别人的脸色。这么做有时确实会让一些人不高兴,但你的不受动摇,却能赢得这些人事后的尊敬,毕竟人还是服膺公理的,除非你的坚持纯属是为了私心!

这么做,会有人称赞你,也会有人骂你,但想面面俱到的人,结果是每个人都会嘲笑你——就像故事中的父子!

俗语说:"岂能尽如人意,但求无愧我心!"就像罗卜白菜各有所爱一样,所以,不要奢望做一个人人都满意的桔子,那是不可以的事情!

有一个被人广为称颂的事例:某一位诗人一次把自己的得意诗作拿到广场上去展览,很自信地对观众说,如果你们认为有败笔,尽可以指出。到了晚上,诗人的作品上标满了记号,人们挑出了无数他们认为是败笔的地方。诗人非常不甘心,他灵机一动,又写了一首完全相同的诗拿到广场上展出,不同的是他请观众标出诗中的妙处。结果到了晚上,诗人看到所有曾被指责为败笔的地方,如今都换上了赞为妙笔的记号。诗人的结论是:"我发现了一个奥秘,那就是不管我们干什么,只要使一部分人满意就够了,因为在有些人看来是丑恶的东西,在另一些人的眼里,恰恰是美好的。"

诗人的大悟,可以作为我们对非难、诽谤的一种基本态度;而诗人的这种作法,也可以作为我们在一定程度上考虑如何减轻非难、诽谤这个问题的基本出发点。

我们为人处世经常按别人的反应来决定,而很难按自己的意愿去行动,尤其是在关于"成功"、"幸福"之类重要的问题上,一切似乎已经有了约定俗成的标准。弗洛伊德说:"简直不可能不得出这样的印象,人们常常运用错误的判断标准——他们为自己追求权利、成功和财富,并羡慕别人拥有这些东西,他们低估了生命真正价值。"

心理学家指出,如果给两组完全相同的人像,一组人像下写"残暴"、

"凶恶"、"狠毒"一类的词，一组人像下写"果敢"、"勇毅"、"顽强"一类的词，请两组测试者对人像作职业估计，那么前一组人像很可能就被猜为罪犯，而后一组人像就可能被猜为军人。就像人们往往把银幕上、球场上的明星作为一种偶像，把表演中的人当作生活中真实的人一样。人类的内心有一种很强烈的接受外界暗示，通过语言、形象的传播媒介树立形象的欲望，它构成了所谓的"心理导向效应"。诗人的"败笔"、"妙笔"呈现完全相反的两种结果，完全相反的两种结果正是他利用了这种效应生产的。

了解了这一点之后，如果要使自己摆脱困境，减小压力，争取更多的赞同，就可以根据不同的情况采取不同的措施。让每一个人都满意是不可能，也是没有必要的。

现实生活中我们也常常遇见类似的事情。当某人做了一件善事，引起身边同事们的注意时，会听到各种截然不同的评论。张三说你做得好，大公无私；李四说你野心勃勃，一心想往上爬；上司赞你有爱心，值得表扬；下属则说你在做个人宣传……总之，各种各样的议论，有的如同飞絮，有的好似利箭，一一迎面扑来。怎么办呢？最好的方法，就是抱着"有则改之，无则加勉"的态度。

事实上，一个人不可能让所有人都对你满意，即使已经尽心尽力在做了，还是会有让别人不满意的地方。如果所有的人都对你满意，表示你这个人必定有问题。因为如果做了坏事，好人会骂你，做好事，坏人会骂你。

至于自己是否有他们所想的那么坏或那么好，只有自己知道。因此，最重要的是要对自己的良心、对自己的努力负责；别人对你的批评、要求，那都是其次的。

如果太在乎别人的赞美，会变得骄傲、得意；太在意别人的批评，会觉得懊恼、无奈，对你或是对事情都会有不好的影响。所以，最好的方法应该是：随时保持心的平静，把事做好。

我们不管干什么，只要一部分人满意便是成功。因为，在有些人看来丑恶的东西,在另一些人眼里则恰恰是美好的。

不要对自己太苛刻,工作上给自己定一个所能达到的目标,只要对得起自己的努力和良心,不要太在意外人对你的评价,否则,遇到挫折就可能导致身心疲惫,万念俱灰。不要为了让周围每一个人都对你满意而处处谨小慎微,不要顾及他人的眼光而改变自己的言行,不要让所有人都满意了而委屈了自己,我行我素在必要时还是要得的。

情绪的过分紧张和焦虑,会影响一个人的生活情趣和解决问题的能力,对于生活中遇到的始料不及的事,应该学会放松,调节自己的情绪,保持生活的规律和睡眠的充足,以饱满的精神状态去面对。学会倾诉和寻求帮助来排解不愉快,生活中绝大多数人都有一颗助人为乐的心,找一个听你诉苦的朋友不会是太难的事情。

人活一世不容易,何必事事都在意?

6.选择自己喜欢的,而非别人喜欢的

当你自己看中了一件衣服,而身边的朋友却都说不好看,那么你多半不会力排众议,下决心购买的。因为你不想穿一件大家认为很难看的衣服,你会想既然别人都说不好看,那一定是真的不好看。不仅仅是在选择衣服上,在其他诸如选择工作、爱人等很多方面,我们都会犯这个毛病。结果常常是按别人喜欢的标准做了选择,却忽略自己内心的真正感受。

社会生活就是一出戏,每个人都扮演其中一个角色。扮演者的行为举止应和角色相符。但他们往往做不到,因为他们常常会遭到排斥,受到旁人的讥笑。你可能并不乐意扮演你所分配到的角色,剧组又不同意你

更换,你应该意识到你有离开剧组、选择另一出戏的自由。

孙洋原来是某公司销售部的职员,销售这份工作很有挑战性,这正符合他的个性,他也非常喜欢,工作成绩一直不错。结婚后,他的妻子不喜欢他整天东颠西跑的,就希望他换个稳定点的工作,他岳父岳母也常常唠叨说:"本科毕业什么工作不好找,偏偏要做什么销售人员,有什么出息,还是找机会调调吧。"他本不想换工作,他想在销售这一块作出点成绩。但是经不住亲人的软磨硬泡,他终于答应换个工作了。

在一位朋友的帮助下,孙洋在一家公司当上了总经理助理,妻子家人都为他高兴,不住地称赞他。可是他开始变得不快乐,对自己没有信心,很简单的事情也感觉自己不能胜任。尤其是工作的繁琐更让他头痛,每天上班就像例行公事一样,他不知道自己工作的意义何在,再也找不到当初工作的成就感和愉悦感。于是,他开始不喜欢上班,下了班心情也不好,整个人都变了。

终于有一天,他想明白了,要做自己真正喜欢的工作,否则就会陷入痛苦的泥沼。他毅然辞去了总经理助理职务,回到了原来的工作岗位上,他马上就恢复了原来的信心和斗志,不久就被提升为销售部经理,人也变得意气风发起来。

是的,在生活中,亲人和朋友出于好意总是会建议你找份好工作,可是工作原无好坏之分,只有是否适合于你,别人并不知道你最适合什么样的工作。所以,如果你不能清醒地客观地看待自己的天性,盲目地追随了他人的想法,最后苦的是自己。

当然,人生中很多事还不像选择工作,选择错了,还有重来的机会。也许,你一生就这么一次机会。如果你要的是金子,你不妨就去捞钱。要不然,你就会总处于失望之中。因此,如有必要,就得准备置身于"角色"之外,这可能会让你不舒服,但自由了。不要考虑剧情的压力,决定你所需要的，必要时换一个角色，但要始终如一。没有人会接受一个变化无常的人，或一个变来变去又变成老样子的人。

47岁的南希在众人的眼中是一个成功的职业女性，可是她说："虽然我的一些成就让人刮目相看，我却想不透大家夸赞我什么。我这辈子一直都在努力成就这样或那样的事，可是现在我却怀疑'成就'究竟是指什么了。我永远在压力下生活，没有时间结交真正的朋友。就算我有时间也不知道该如何结识朋友了。我一直在用工作来逃避必须解决的个人问题，所以我一个任务接一个任务地去完成，不给自己时间去想一想我为什么要工作。这真是疯狂。假如时间可以退回去10年，我会早一些放慢脚步考虑一下，那就不会像现在这样感觉匮乏了。"

一位作家指出：我们此生不一定要成大名，立大功。可是，我们一定要明白自己的梦想，并把它具体化，使它成为可能，然后去追求它，去实现它。追寻一个梦想是一种绝大的幸福和快乐。你也曾体会过这种幸福和快乐吗？

现实生活中，又有多少人不是因为自己喜欢而选择了现在的生活模式，而是迫于别人的意志去演那个大家喜欢的"角色"。忙的时候就像陀螺，一旦停下来，就会觉得空虚，不知道自己生活的目的是什么，生活就成了为"演戏"而"演戏"，不但没有幸福和快乐，还让人感到痛苦不堪。

所有人都希望自己的生活方式是被大家羡慕的，却忘记了自己是不是真的喜欢。所有的人也都希望自己在生活中扮演的角色是大家喜欢的，却忘记了自己是不是真的喜欢。他们选择了别人喜欢的，而不是自己喜欢的，所以注定要忍受更多的寂寞、痛苦和空虚！

7.面对质疑,自己的路要自己走

　　1900年7月,在浩渺无边的大西洋上,海风怒吼,巨浪滔天,暴风雨中,一叶小舟一会儿冲上浪尖,一会儿跌入波谷,恶劣的天气和狂风巨浪似乎要将它撕个粉碎。驾驶这叶小舟的这位金发碧眼的年轻人是一位德国的医学博士,名叫林德曼。大海无情,曾经吞噬过无数鲜活的生命。为什么他要孤身一人进行这危险的航行? 为什么还要选择这样恶劣的天气?

　　林德曼在德国从事的是精神病学研究, 出于对这份职业的执著,他正在以自己的生命为代价,进行着一项亘古未有的心理学实验。

　　林德曼博士在医疗实践中发现,许多人之所以成为精神病患者,主要是因为他们感情脆弱,缺乏坚强的意志,心理承受能力差,经受不住失败和困难的考验,关键时刻失去了对自己的信心。有些看上去体格非常健壮的人,后来却因为承受不住心理的压力而精神崩溃。林德曼认为:一个人保持身心健康的关键,是要永远自信!

　　当时, 德国举国上下正在掀起一场独舟横渡大西洋的探险热潮,全国先后有100多位勇士驾舟横渡大西洋,但结果均遭失败,无一生还。消息传来,舆论界一片哗然,认为这项活动纯属冒险,它超过了人体承受能力的极限,是极其残酷的"自杀"行为。

　　林德曼却不这么认为。经过对这些勇士遇难情况的认真分析,他认为这些遇难的人首先不是从肉体上败下阵来的,而主要是死于精神上的崩溃,死于恐怖和绝望。

　　林德曼的观点遭到了舆论的质疑:探险勇士难道还不够自信? 为了验证自己的观点,林德曼不顾亲人和朋友的坚决反对,决定亲自作一次横渡大西洋的试验。

　　在航行中,林德曼遇到了许多难以想象的困难。在漫漫的航程中,孤独、寂寞、疾病,体力的消耗,精力的消耗,都在消蚀着他的意志。特别是在航行最后的18天中,遇上了强大的季风,小船的杆折断了,船舷被海浪打裂了,船舱进水了。林德曼必须把舵把紧紧地捆在腰上,腾出手来拼命地往外舀船舱里的水。

在和滔天巨浪搏斗的整整三天三夜中,他没有吃一粒米,没有合一下眼。那场面真是惊心动魄,九死一生。多少次他感到坚持不住了,感到自己不行了,有时眼前甚至出现了幻觉,准备放弃了,但每当这个时候,他就狠狠地掐自己的胳膊,直到感觉到疼痛,然后激励自己:"林德曼,你不是懦夫,你不会葬身大海,你一定会成功的!再坚持一天,就是胜利的彼岸。"

"我一定会成功!"林德曼的心中反复地呼喊着这几个字。生的希望支持着林德曼,最后他终于成功了。

"100多人都失败了,我为什么能成功呢?"他说,"我一直相信自己一定能成功。即使在最困难的时候,我也以此自励!这个信念已经和我身体的每一个细胞融为一体。"

林德曼的故事告诉我们,不管面对什么样的质疑,不论在什么样的困境中,唯一能拯救你的是你自己,你自己的信心;唯一能打垮你的也是你自己,你自己的灰心。

所以,走自己的路,让别人说去吧。

船舶在大海中航行,沿途中会遇到很多美丽的景色,蓝天白云,碧波荡漾,还有鱼鸟嬉戏其间。然而航行并不总是一帆风顺的,除了那些令人心神荡漾的美景,也会遇到狂风巨浪、乌云暴雨,令人胆战心惊、惧怕不已。

人生如同航行,不可能总是围绕在鲜花和掌声之中,也会常常陷入困境。一个人如果想要从困境中走出,改变自己的命运,必须要坚持伟大的目标。一个人只有敢想,才能按照自己的想法去做,才会有成功的可能,"苏珊大妈"的故事便发生在我们的身边。

如果你听说过或者看过《英国达人》这个节目，那么你对"苏珊大妈"这个名字绝对不会陌生——

当苏珊站在《英国达人》舞台上时显得有些紧张，她从来没有参加过如此隆重的节目。这位体态肥胖、长相平平的妇人一上台，台下便传来一阵哄笑，包括评委在内，所有观众对于这个妇人都缺乏最基本的尊重。由于智障的缘故，苏珊有些口吃，在回答评委们问话的时候含糊不清，评委们那些不怀好意的问话，似乎也是在有意让她出丑。当苏珊说自己的梦想是成为伊莲·佩姬那样的人时，台下再次哄堂大笑，这位长相丑陋的山野妇人如何同那位著名的歌唱家相比？

当音乐响起，苏珊大妈忘我地唱了起来，丝毫没有受到刚才观众们的影响。台下一下子变得安静起来，苏珊那天籁般的声音让他们震惊，他们深深为之折服，所有的观众都凝神屏息，享受着音乐时刻。当她一曲《I Dreamed a Dream》唱毕，全场响起了热烈的掌声与欢呼声，这次大家是为她的精彩表演而喝彩！一向苛刻的评委摩根，也称赞她是他在三年选秀节目中见到的最大的惊喜。苏珊成功了，她的歌声在世界范围内回荡，伊莲·佩姬也热情地与她会面，并同她合作演出，苏珊终于成为了跟自己偶像一样的歌星。

苏珊大妈的名字叫做苏珊·波伊儿，她从小生活在英国一个无名的小山村。由于智障的缘故，她不能很好地完成学业，也没有爱情光顾过她。当她的妈妈死后，她只能和一些小猫小狗等动物在一起，过着孤独的生活。

然而苏珊从小就有一个梦想，她想唱歌，梦想着成为伊莲·佩姬那样的歌星。她的生活很孤独，她的生活缺乏保障，这些都没有浇灭苏珊心中的梦想。她加入了教堂的唱诗班，成为其中的一员，多年来一直坚持唱歌，直到她被全世界人所知晓。

苏珊取得成功时,已经47岁。在许多人看来,她早应该过了"做梦"的年纪,苏珊的成功正是源于她坚持了自己的目标。如果她没有想成为伊莲·佩姬那样歌手的目标,没有几十年如一日的坚持,没有为此付出无数的努力,那么可能她真的会在那个默默无名的山村中度过一生,直至死去也不会有多少人认识她。对目标轻易言弃,不付出努力,那么目标只能是个空想。只有坚持到底、不懈努力,才能让目标成为现实。

每个人都有自己的梦想,或大或小。还有的人曾经有过梦想,现在却已经把它忘掉了,丢在了满是尘埃的记忆深处。试想一下,一件事情,假若我们想都没有想过它,那么又如何会去做呢?成就又从何而来呢?梦想的高度往往决定了一个人成就的高低,一个没有目标的人往往会一事无成。

托尔斯泰曾经写下这样的话:要有生活的目标,一辈子的目标,一个时期的目标,一个阶段的目标,一年的目标,一个月的目标,一个星期的目标,一天的目标,一个小时的目标,一分钟的目标。梦想,便是这些目标的雏形,是目标的最佳体现。

梦想的实现需要坚持,只有坚持走自己的路,并为之不懈努力的人,才能真正地取得成功。电灯的发明,让我们在夜晚同样拥有了如白昼般的光芒,电灯的发明,正是爱迪生坚持的结果。他从二十多岁便开始研究电灯,先后尝试了用各种材料做灯丝,灯泡的照明时间也随着他的努力不断延长,从短短的几分钟到几个小时,到后来几百几千个小时。在历经十余年,尝试了近千种材料之后,他终于找到了最合适的材料——钨丝,让人们从此在夜晚不再害怕黑暗。

当然,在成功的路上,不可能总是一帆风顺,挫折、失败都是在所难免的。如果碰到失败便放弃自己的目标,那么也就放弃了成功的可能。当一个人习惯了被消极的精神所支配,那么他所收获的终归是失败。成功人士的与众不同之处便在于他们遇到挫折,愈挫愈勇,用积极的心态面对未来,更加努力地朝着目标努力,坚持不懈,而梦想也终会在某一天实现。

测试：你是否处于焦虑状态？

━━━━━━━━━━━━━━━━━━ ● ━━━━━━━━━━━━━━━━━━

现代社会是个充满机遇与挑战的时代。在这样的环境中，人要保持一份豁达与从容的心态似乎很不容易。很多人都渴望拥有并保持一种宁静的心态，然而焦虑却常常把他们包围。你时常感到焦虑吗？哪些表现说明自己正处于焦虑状态？

下面是有关焦虑一般症状的问题，分为五个部分进行测试，每题设有五个选项：A.没有；B.几乎没有；C.有时；D.经常；E.总是。

请你根据自己最近一周的情绪状况选择合适自己的选项。

第一部分：活动方面

1.完全失去对社交活动的爱好和兴趣，觉得它们似乎太耗精力；

2对空闲时间自己该做什么，一点也没有底；

3.经常去做一些难以完成的事情；

4.因为要做的事太多，感到不知所措和失控。

第二部分：感觉方面

1.觉得一天当中很少有自己的时间；

2.感到不被家人赏识；

3.时常有一种莫名其妙的不满和气愤；

4.经常在寻求别人的恭维和夸奖。

第三部分：胃口方面

1.紧张或焦虑使自己不思茶饭；

2.靠吸烟或喝咖啡来支持自己；

3.想用巧克力和其他糖类来应付焦虑；

4.有恶心、腹痛或腹泻的症状。

第四部分:睡眠方面

1.经常失眠;

2.睡了整整一夜,但是仍然感到没有休息好;

3.在晚上,不想睡觉的时候睡着了;

4.需要长时间的午睡。

第五部分:观念方面

1.失去了幽默感;

2.情绪急躁易怒;

3.对未来很悲观;

4.觉得自己麻木,无动于衷。

评定标准:

以上各题选A得0分,选B得1分,选C得2分,选D得3分,选E得4分。

测试结果:

20分以下:表明你存在焦虑情绪;

21~40分,表明你有轻微的焦虑情绪;

41~60分,表明你有中等程度的焦虑情绪,应该设法放松;

61~80分,表明你处于极大的焦虑中,必须对生活加以重新调整。

第二章

 别急躁，
谁都甭想从卧室一步爬到天堂

1.急于求成,只会适得其反

渴望成功的心态谁都能理解,但是你要明白,成就一番事业并不容易,不要一开始就盯着成功不放,做事若急于求成,就会像饥饿的人乍看到食物,狼吞虎咽地吞食,反而会引起消化不良。

虚尘禅师以佛法度众,为人谦厚,深得民众拥戴,他每每开坛讲法,都听者众多。

有一天,一位小商人向虚尘禅师发火:"我听了你的弘法后,诚信经营,薄利多销,顾客在逐渐增多,但为什么我的收入还是不能增加呢?"

禅师不急不躁,他微笑着对这位商人说:"有一颗苹果树,它接受了阳光、雨露、养料,春天花开,夏天结果,秋天成熟。成熟的时候,并非所有的苹果都会同时成熟。有些苹果早已熟透了,而有的苹果依旧青青待熟,并非它不会成熟,只是时间还没有到而已。"

商人醒悟过来,他明白要想有大成就要慢慢积累。向禅师道歉后,他离开了寺院。

一年后,虚尘禅师收到这位商人的一个大红包。他在信中说自己的生意红红火火,以致没有时间亲自到寺院致谢,只好托人送礼以表谢意。

太想赢的人,最后往往很难赢。太想成功的人,往往很难成功,太想达到目标的人,往往不容易达到目标,过于注意就是盲,欲速则不达,凡事不可急于求成。

相反,以淡定的心态对之,处之,行之,以坚持恒久的姿态努力攀登,努力进取,成功的几率却会大大增加。

在山中的庙里,有一个小和尚被派去买菜油。出发之前,庙里的厨师交给他一个大碗,并严厉地警告他:"你一定要小心,最近我们财务状况不是很理想,你绝对不可以把油洒出来。"

小和尚下山买完油,在回寺庙的路上,他想到了厨师凶恶的表情及郑重的告诫,越想越紧张,于是他更加小心翼翼地端着装满油的大碗,一步一步地走在山路上,丝毫不敢左顾右盼。然而天不遂人愿,因为他没有向前看路,结果快到庙门口的时候,踩到了一个洞。虽然没有摔跤,碗里的油却洒掉了三分之一。小和尚懊恼至极,紧张得手都开始发抖,以至于无法把碗端稳。等到回到庙里时,碗中的油就只剩下一半了。

厨师非常生气,指着小和尚骂道:"你这个笨蛋!我不是说要小心吗?为什么还是浪费这么多油?真是气死我了!"小和尚听了很难过,开始掉眼泪。这时,一位老和尚走过来对小和尚说:"我再派你去买一次油,这次我要你在回来的途中,多看看沿途的风景,回来后把你看到的美景描述给我听。"小和尚很是不安,因为自己非常小心都还端不好,要是边看风景边走,更不可能完成任务了。不过在老和尚的坚持下,他勉强上路了。

在这次回来的途中,小和尚听从老和尚的意见,观察起沿途的风景,这时,他惊奇地发现山路上的风景如此美丽:远处是雄伟的山峰,山腰上有农夫在梯田上耕种,一群小孩子在路边快乐地玩,鸟儿轻唱,轻风拂面……

在美景的陪伴中,小和尚不知不觉就回到庙里了。当小和尚把油交给厨师时,他发现碗里的油还装得满满的,一点都没有损失。

急于求成的结果,只能适得其反,结果只能功亏一篑。《拔苗助长》的故事中,农夫急功近利,反而适得其反,使他的苗全部死了,落得一个拔苗助长的笑话。许多事业都必须有一个痛苦挣扎、奋斗的过程,正是这个过程将你锻炼得无比坚强并成熟起来。朱熹说:"宁详毋略,宁近毋远,宁下毋高,宁拙毋巧。"对"欲速则不达"作了最好的诠释。

2.勤奋比聪明更重要

毫无疑问,懒惰者是不能成大事的,因为懒惰的人总是贪图安逸,若是察觉有点风险可能就吓破了胆。另外,懒惰者缺乏吃苦耐劳的精神,总妄想天上能掉下来礼物。但对成功者而言,他们不相信伸手就能接到天上掉下来的礼物,而是相信勤奋者必有所获,相信"勤能补拙"这句话的深刻含义。

牛顿被公认为世界一流的科学家。当有人问他到底是用什么方法创造那些非同小可的理论时,他诚实地回答道:"总是思考着它们。"还有一次,牛顿这样陈述他的研究方法:"我总是把研究的课题放在心上,并反复思考,慢慢地,起初的灵光乍现终于一点一点地变成了具体的研究方案。"

正如其他有成就的人一样,牛顿也是靠勤奋、专心致志和持之以恒才取得成功的。放下手头的这一课题而从事另一课题的研究,这就是他全部的娱乐和休息。牛顿曾说过:"如果说我对社会民众有什么贡献的话,完全只因勤奋和喜爱思考。"

另一位伟大的科学家开普勒也这样说过:"只有善于思考所学的东西才能逐步深入。对于我所研究的课题,我总是追根究底,想理出个头绪来。"

英国物理学家及化学家道尔顿从不承认他是什么天才,他认为他所取得的一切成就,都是靠勤奋点滴累积而来的。约翰•亨特曾自我评论道:"我的心灵就像一个蜂巢一样,看来是一片混乱,杂乱无章到处充满嗡嗡之声,实际上一切都整齐有序。这些食物都是通过劳动在大自然中精心选择的。"你可以理解这段话吗?这里的劳动指的就是他所具备的人格优势,并非才智过人,他只是比一般人更勤劳罢了。只要翻一翻那些大人物的传记,我们就知道大部分杰出的发明家、艺术家、思想家和著名的工匠,他们的成功都得归功于勤奋和持之以恒的毅力。

英国作家狄斯雷利认为,要成就大事必须精通所学科目,但要精通学科,只有通过长时间连续不断地苦心钻研,别无其他办法。因此,某种程度上来说,推动世界前进的人并不是那些天才人物,而是那些智力平庸却非常勤奋努力的人;不是那些智力卓越、才华洋溢的人,而是那些不论在哪个行业都认真坚持、不畏困难的人。

天赋过人的人如果没有毅力和恒心作后盾,只能绽放转瞬即逝的火花。许多意志坚强、持之以恒,但智力平庸甚至稍显迟钝的人,最后都会超过那些只有天赋而没有毅力的人。

一旦我们养成了不畏劳苦、锲而不舍、坚持到底的工作精神,则无论我们从事什么职业,都能在竞争中立于不败之地。古人所说的:"勤能补拙"讲的也就是这个道理。

罗伯特·皮尔正是由于养成了勤奋的工作态度,才成了英国参议院中的杰出人物。当他年纪很小的时候,他父亲就让他站在桌子边练习即席背诵、即席作诗。首先,他父亲让他尽可能地背诵些格言警句。当然,刚开始并没有多大的进展,但日子久了,他也能逐字逐句地背诵出那些格言的全部内容。这一训练似乎可说是为他日后在议会中以无与伦比的演讲艺术驳倒论敌所立下根基,这实在令人佩服。但几乎没有人知道,他在论辩中表现出来的惊人记忆力正是他父亲早年对他严格训练的成果。

在一些最简单的事情上,反复的磨炼确实会产生惊人的效果。拉小提琴看起来十分简单,但要达到炉火纯青的地步绝对需要多次辛苦的练习。有一名年轻人曾问小提琴大师卡笛尼学拉小提琴要多长时间。卡笛尼回答道:"每天12个小时,连续坚持12年。"

一点点进步都是得之不易的,任何伟大的成功都不可能唾手可得。许多著名的科学家和发明家所拥有的都是勤奋刻苦的人生。对于想成就大事的人来说,勤奋是最好的人格资产。

3.不磨刀,等于没有刀

准备的程度决定着你前进的距离,走在最前面的,总是那些有准备的人。

有一位勤劳的伐木工人,被指令砍伐100棵树。接受任务以后,他毫不拖延地投入到了工作当中,每天工作10个小时。可是渐渐地,他发觉自己砍伐的数量在一天天减少。他开始想,一定是自己工作的时间还不够长,于是除了睡觉和吃饭以外,其余的时间他都用来伐树,一天要工作12个小时。但他每天砍伐的数量反而有减无增,他陷于了深深的困惑之中。

一天,他把这个困惑告诉了主管,主管看了看他,再看了看他手中的斧头,若有所悟地说:"你是否每天用这把斧头伐树呢?"工人认真地说:"当然了,没有它我可什么也干不了。"主管接着问道:"那你有没有磨利这把斧头呢?"工人的回答是:"我每天勤奋工作,伐树的时间都不够用,哪有时间去干别的。"

听到这里,主管说:"这就是你伐树数量每天递减的原因。虽然工作热情很高,但你连工作必需的工具都没有准备好,又怎么能提高工作效率呢?"

在我们身边,有很多人像这个伐树工人一样,总是忘了应该采取必要的准备使工作更简单、更快捷。你又怎么能指望他们高效高质地执行好任务呢!要知道,在信息时代的今天,不磨刀就等于没有刀!

在企业中,总是有50%的指令被变通执行或打了折扣执行;30%的指令有始无终,最后不了了之;15%的指令根本没有执行,也就是说,实际上只有5%的指令真正发挥了作用。

其实,问题就是出在了准备上。现在,让我们看一看3个员工对待同一个指令的3种不同结果。

某家大型企业集团的采购部经理脾气暴躁,傲气凌人,许多想向他推销产品的业务员都碰了钉子。有一次,他到某个城市出差,一个办公设备生产企业的销售主管知道后,决定派员工A去拜访他,把企业的产品推销出去。由于这位经理只在这个城市停留一周,所以销售主管希望能在他回去之前草签一个合作意向。A接受了任务后,心想:这个经理不好打交道是出了名的,许多公司的人都被他整得下不了台,给的时间又这么短,我肯定完不成任务,不如想个办法躲过去吧。于是,他第二天并没有去宾馆拜访这位经理,而是在家里舒舒服服地休息了一天。第三天一早,他回到公司,对主管说:"咱们得到的消息太晚了,他已经和别的公司签订了合同,这个客户只能放弃了。"

主管听说后感到非常失望,但又不甘心丢掉这个大客户,于是决定再派员工B去试试。B接受了任务以后,什么也没有说,把要推销产品的简介往包里一塞,在10分钟之后就赶到了采购经理所住的宾馆,他直接来到了经理的房间,敲开门后马上开始介绍自己的产品。谁知采购经理有睡午觉的习惯,被B吵醒后已经非常愤怒,哪里有心情听他说些什么,一通臭骂将B轰了出去。B并没有泄气,他在宾馆的大堂里坐下,想等经理下来吃晚饭的时候再向他展开攻势。而经理因为被人打搅了午睡,整个下午都昏昏沉沉的,到了晚上根本没有胃口吃饭,早早就休息了。

可怜B在大堂里一步也不敢离开,一直等到晚上10点才饿着肚子回去了。

第二天的早上,当B带着失败的消息回到公司后,销售主管已经不抱什么希望了。正当他准备放弃的时候,突然看到了刚进公司没几天的C,主管想:反正已经没希望了,不如让C去碰碰运气,就当是锻炼新人吧。于是,C又接受了这个任务,而这时距采购经理离开的时间只剩下3天。C并没有急于去宾馆,而是通过各种渠道详细了解采购经理的奋斗历程,弄清了他毕业的学校、处事风格、关心的问题以及剩下这几天的日程安排,最后还精心设计了几句简单却有分量的开场白。

这些准备工作用了C一天的时间,到了第二天一早,C还没有去宾馆,而是回公司整理了一个小时的资料,把公司产品和竞争对手的产品进行了详细的比较,并将能突出自己产品优势的地方全都列了出来,然后把那位采购经理对产品最关注的耐用性、售后服务等关键点进行了非常具有诱惑力的强化。因为他已经查明,采购经理今天上午有一个简短的约会,要到十点半才回去,所以做这些准备工作在时间上来说是绰绰有余。C在十点一刻到了宾馆,在通向经理房间必经的电梯旁等候。十点半,采购经理回到了宾馆后直接上了电梯,C也马上跟了进去,从经理最感兴趣的话题开始,很快就得到了去经理房间喝咖啡的邀请。后来的事就很简单了,采购经理一次就定购了这家公司一个季度的产品量,并且签订了正式合同,甚至在他临走的那一天,这笔业务的预付款就已经到达小C所在公司的账户了。

像A这样的企业职员其实是很"聪明"的,可惜是用错了地方。他缺少直面困难的勇气,也不愿意自我反省,根本无法独立自发地做任何事,只有在一种被迫和监督的情况下才工作。在他看来,敬业是老板剥削员工的手段,忠诚是企业欺骗下属的工具,为任何一项工作精心做准备对他来说更是一种奢望。这样的人你怎么能指望他能够成为一个高效的执行者呢?可以确信的是,他离被公司扫地出门已经不远了。

但是像B这样的员工恐怕也无法使企业感到满意,你很难说他不主动,不积极,也不缺乏工作的热情和牺牲精神。不过,在他身上似乎还缺少了一种很重要的东西,没错,就是准备。他在接受任务之后根本没有考虑对方是一个什么样的人,最关心产品的哪些方面,现在这个时间去拜访是否合适。正是在这些方面疏忽,使他的执行变得毫无价值,还挨了一顿臭骂。

那么,在C身上我们看到了什么? 当然是在充分准备后所表现出的高效高质的执行力,这也正是目前被人们忽视最多的职业品质。面对其他同事都解决不了的难题,他没有畏难情绪,将困难一推了之;也没有仓促行动,而是有条不紊地从准备工作开始,一项项地落实到位,从拜访的时间、开场白、对方的办事风格,一直到产品优劣势的分析、调研……任何一处都体现了一个高效能员工的职业素养。

只有准备,才能使企业的命令得到切实、全面的执行;只有准备,才能使每一个行动变得有价值;只有准备,才能使企业的每一名员工成为高效能的执行者。

想成为高效能的执行者吗? 那就别再犹豫,马上开始准备吧!

4.酒肉朋友不过是路人甲

酒肉朋友再多也无益处,无非吃喝玩乐,遇难事照样没人帮你。

传说大觉寺附近的鹿病了,群鹿去看望,吃光了附近所有的草。后来鹿的病好了,却因找不到草吃而饿死了。拜庙于此的虚云禅师便告诫香客:"结交酒肉朋友,有害无益。"

孙莹能写一手的好文章,因此在单位里得了个才女的称号,所以一般领导要写个总结、提案啥的都会找她。有一天,孙莹正在做自己的财务报表。自己的领导说下午三点之前急需三份不同的文字材料,让她及时赶出来,但是一看时间现在已经是上午的10点多了,铁定是做不完的。无奈之下,只好拨通了一位朋友的电话求助,这位朋友是家杂志社的编辑,是个爽快人,听此情况后二话没说就来了。

中午十一点左右,这位朋友带着他的一位朋友如约来到孙莹的办公室。一番介绍后,就开始天南地北地胡侃。从世界政坛到金融危机,从古希腊文明到历史渊源,从甲骨文的鉴别到第四代简化字的使用,孙莹一面陪着漫天胡侃,一面瞅着墙上的挂钟咔哒、咔哒不停地转,心里急得直冒火但也无法发作。转眼半个小时过去了,孙莹看出这位朋友没有走的意思,将心一横问道"两位想吃点什么?"这位大笔杆子也不客气,"都是好朋友嘛,就近就简吧"!

于是在附近找了个饭店坐下来。几番推杯换盏后,孙莹的朋友越喝越兴奋,抄起电话一通拨打。就这样你找三个我找两个,不多时,由原来的三人"小聚"变成了五、六个人的"团聚",又由原来的六人团聚变成了十来个人的"大聚"。大家彼此间有熟识的,也有陌生的,通过朋友引荐后,便以酒开道、以酒会友,这酒喝起来也就没数了。虽说是一次难得的朋友party,是一次通联的好机会,无奈孙莹仍有3份材料压在身,本想找朋友帮忙,不想材料一个没有推出去还浪费了不少时间,这种情形下她无心继续恋战,便匆匆结账告辞。回到办公室后,她迅速查找资料,飞速转动脑神经,用最快的速度、最高的效率在规定的时间内交上了全部材料,才长长地舒了口气。这时,她想起了在饭店的朋友们,打电话过去,这些朋友们还在饭店里觥筹交错,而此时已经下午三点了。

有一类人每天游走于各类酒场,交着不同的朋友,朋友越积越多,数量越来越大,而真正"沉淀"下来的没有几个。随着经历得越来越多,电话号码也越来越满,而真正痛苦或需要帮助时,把电话号码簿从头翻到尾,竟然一个可以帮上忙的朋友也找不出来,这就是酒肉朋友的悲哀。

与酒肉朋友在一起,酒喝得越多,饭吃得越多,感情就越深,其实,结交酒肉朋友就像超速行驶在高速公路上,而超速行驶的车子也许会遇到一丁点的状况，就会使车毁人亡。换言之，友谊需要经营，但不用刻意追求，否则你认定的酒肉朋友因某事达不到你的期望值时，你将会因此而痛苦不堪。所以，我们切不可以结交酒肉朋友为荣，更不要以之为交友准则。

每个人都希望朋友能够在危难之刻，不离不弃，而不是一遇危险，鸟飞兽散。朋友是一个美好的字眼，请不要让酒肉之交玷污了朋友的神圣，那样的人并不是你的朋友，只不过是结伴娱乐的过路人罢了。

5.发自内心地热爱你的工作

佛光禅师的弟子大智，出外参学二十年后归来，在法堂里向佛光禅师述说此番在外参学的种种见闻心得，佛光禅师总以慰勉的笑容倾听着。最后，大智问道："师父，这二十年来，您老人家还好吗？"

佛光禅师道："很好，很好啊。我每天讲经说法，著述写作，像一条鱼一样在法海里悠游，世上没有比这更令我喜悦的生活了。每天，我都忙得很快乐啊！"

大智关心地说："师父，您应该多花一些时间用在身心的修养上。"

佛光禅师对大智说："夜深了，你去休息吧。我们以后慢慢再说。"

次日清晨，还在睡梦中的大智隐隐听到佛光禅师的禅房中，传出阵阵诵经声和木鱼声。

整个上午，佛光禅师不厌其烦地对一批批前来礼佛的信众引导开示，讲说佛法。快到中午时，好不容易看到佛光禅师与信徒谈话告一段落，大智就趁着这一空当儿，抢着问佛光禅师："老师，分别二十年，看来您每天都是这样忙碌着的啊。可是，怎么我却看不出您变老呢？"

佛光禅师呵呵一笑:"你说得没错。不是我不老,是我没有时间老啊!"

"没有时间老",其实就是心中没有老的观念。孔子说:"其为人也,发愤忘食,乐以忘忧,不知老之将至。"就是说一个人若是为了追求事业,是连吃饭睡觉都可以忘掉的。在追求的过程中获得的快乐,也是可以让人忘却其他烦恼的,甚至连进入老年和临近死亡,都没有时间去多想。由此可见,也只有那些无事可做的人,才会对年龄和死亡思来想去,徒生烦恼。发自内心地热爱你的工作,投入其中,任何人、任何事都打扰不了你。专注于你的工作,投入万分的热情,这样你才不会觉得厌倦。唯有三心二意,"三天打鱼,两天晒网"的人才会有烦恼,有孤独,为什么呢?因为他们的心时刻被空闲占据着。人在闲着的时候最容易胡思乱想,所以,要想让自己变得有激情,有梦想,就要让自己忙碌起来。而忙碌的真谛就是专注于自己的工作,并热爱它!

一个人,生命的价值就在于取得了什么样的成就,当然这成就不单单是指物质方面的。而能做出成就的人他们都有一个共同点,那就是十分热爱自己的工作,他们会拼了命地去工作。专心的人最可怕,其实说明的也是这个道理。人,只要热爱、专注自己的工作,总会有一番作为的。我们在生活中常常听别人说起工作狂,其实他们就是用生命在工作。他们的每一分钟,每一刻钟都在和时间赛跑,为了让生命的价值充分地展现出来,他们就必须用尽全力把工作做好。

但凡取得一些成就的人,他们都十分热爱自己的工作,如果没有激情在里面,即使花去再多的时间也不可能成就一番事业。比尔·盖茨如此,乔布斯如此,李嘉诚亦如此,所以,要想让自己为自己骄傲,抛却烦恼,不让那些忧郁、孤僻找到自己,那么就要时刻充满激情地投入工作,只有事业才能展示出你的价值。每个人都会有很多梦想,但不可能每个梦想都会实现,我们能做的就是专注于一个梦想。找到自己最喜欢做的事,然后通过自己的努力去实现它。实现一个梦想也算成功,这样就远远好过那些只会空想的人。

热爱你的工作吧，它会带给你意想不到的惊喜！

6.志存高远，而不是好高骛远

大多数平凡人都希望自己这辈子能成为不平凡的人，遗憾的是，真正能做到的似乎总是少数。因为，他们都经意或不经意地陷进了好高骛远的泥潭里。

理想，我们古代的先辈们称它为"志"。古人重视理想的程度不亚于我们今人，金榜题名，衣锦还乡，是那时候人们的共同理想。即使贫困潦倒，也要坚守"人穷志不穷"的信念，坚持他们的理想。古人为何如此重视理想呢？因为他们深知理想对人一辈子的重要性。理想是沙漠中的绿洲，是暗夜中的灯光，是吹响生命的号角。诗人流沙河曾说过："理想是石，敲出星星之火；理想是火，点燃熄灭的灯；理想是灯，照亮夜行的路；理想是路，引你走向黎明。"

古人尚且如此，我们今人更不应该落后。其实每个人心中都有一个属于自己的理想。小学时代，老师就经常要我们写有关理想的作文。人不能没有理想，没有理想的人生犹如一张白纸，是没有意义的。理想是一个人对于所期望成就的事业的坚定信仰。理想不是幻想，因为它可以实现。但是，我们必须清醒地看到，理想与现实是有差距的。要尊重理想，更要尊重现实。

常常可以听到很多人哀叹自己这辈子"心比天高，命比纸薄"。其中原因，也许不是这些人真的"命运不济"，而原因恰恰在于，他们的"心比天高"。

一个人志气高远，壮志凌云，自然是好事；但是如果高得虚无缥缈，高得脱离了实际，那恐怕无论如何奋斗，终其一生也不会实现，那这样的志气就是空想、幻影。当美丽的"泡沫"破灭的时候，就难免要自哀自嗟"命比纸薄"了。

如果一个人立志这辈子要如何如何，但不充分考虑自己的实际，就会像小蜗牛立志要爬上泰山之巅一样荒唐可笑。

古籍《於陵子》里讲过这样一个故事：

有一只蜗牛志气很大，要成就一番惊天动地的大业，它的目标是：首先东上泰山，估计得走三千年；然后南下江、汉，也得走三千年。而当它反观自身，算了算只能活一天。于是这只蜗牛悲愤至极，转眼已枯死在蓬蒿之上，徒留下笑柄而已。

做人应该有志气，立大志，确定人生理想和目标；但在你为自己绘制奋斗蓝图时，一定要切合自身实际。"志当存高远"，但并不是说可以完全不顾自身的实际和社会的需求，一味追求高远。一个根本不可能实现的理想，只能是妄想空谈，这样的"志向"不但不能激发起前进的动力，反而会挫伤你的斗志，使人耽于幻想，一辈子一事无成，甚至自暴自弃，像那只蜗牛一样悲愤而死！

《於陵子》中的那只蜗牛的错误不在于只有志向没有行动，而在于不能从自身实际出发，树立一个切实可行的奋斗目标。这只志向远大的蜗牛不是不想行动，而是无论怎样行动，它的理想都根本不可能实现。此时，它应当做的是重新认识自己，修正志向，而不是"悲愤至极"。

世界上大多数人都是平凡人，但大多数平凡人都希望自己这辈子能成为不平凡的人。梦想成功，梦想才华获得赏识、能力获得肯定，拥有名誉、地位、财富。不过，遗憾的是，真正能做到的人，似乎总是少数。因为，他们都经意或不经意地陷进了好高骛远的泥潭里。

好高骛远者往往把自己的理想设计得高不可攀,而根本不知道应该把理想与自己的实际力量联系起来。

就像有些人做事情从来不考虑自己是否力所能及,于是做出了不切实际的决定,不是遭到失败就是弄出荒谬可笑的事情来。对于根本不可能的事,还是不要痴心妄想的好。

人生虽有许多种力量,但实力是建设人生的最重要的手段和最基本的力量。在奔赴成功的艰辛路途中,我们绝不能好高骛远,我们需要的只有实力,唯有实力才能对人生的事业与理想起到帮助和推动作用,使人生增值。

被评为湖南省十大杰出青年农民的刘九生,是靠做木梳起家的。刘九生高中毕业时正赶上父亲因不慎失足而摔成了残疾,他为了照顾家庭,放弃了高考回到家里,整日过着"面朝黄土背朝天"的生活。年轻气盛的刘九生不甘心一辈子过这种一潭死水般的生活,他梦想着有朝一日自己能够发家致富,创一番大事业。为此,刘九生曾做过多种生意,但都未能成功。刘九生的父亲有一手做木梳的手艺,劝他做木梳,可刘九生认为一个大男人,做小木梳有什么出息,不愿意学。

有一天,刘九生正坐在墙角叹气时,父亲走过来,心平气和地对他说:"孩子,是我对不起你,耽误了你考大学。但三百六十行,行行出状元。如果你能把木梳做好,也可以发财啊,你如果愿意学,我明天就教你。"第二天,刘九生就跟父亲学起了做木梳。他专心致志地学,几天就学会了,但每天只能做几把木梳,他们家住的地方比较偏僻,拿到集市上去卖,价格很低,慢慢的刘九生有点灰心了。但有一天,他到城里办事,发现城里一把木梳比家乡集市上要贵几毛钱,于是,他便挨家挨户去收购木梳,做起了木梳的批发生意。他很快就赚了五六万元钱,看到村里人手工做木梳靠的是传统的方法,生产速度慢,有时货源还短缺,他萌生了办一个木梳厂的想法。

厂子建起来了,他又四处寻找销路。1993年12月的一天,刘九生突然接到衡阳市一家公司老总打来的电话,说想经销他的一些货,但不知木梳质量好坏。刘九生放下电话,就直奔那家单位,当刘九生走进这家单位时,正好碰上这家公司的员工下班,他的心猛地一沉,以为老总可能早就下班了!正当他有点灰心丧气时,忽然发现一个夹着公文包的人从公司走了出来,他怀着碰碰运气的心情上前去问道:"请问经理的办公室在哪里?"没想到那个人就是那位老总。他看到刘九生如此勤勉,十分感动,紧紧握住刘九生的手说:"小伙子,你的精神感动了我,我相信你的梳子质量也是最好的。"这一笔生意,给刘九生带来了2万元的利润。

刘九生就是这样,踏踏实实地,凭着用心和刻苦,走上了事业成功的道路。现在,刘九生的"天天见"公司一跃成为全国最大的木梳生产企业之一,产品远销东南亚各国,公司总资产已达到千万元。

刘九生的经历告诉我们,要想成功首先要量力而行,许多人好高骛远,终其一生也一事无成,因为他的精力都耗损在焦躁的期盼中,对要做的事情并未真正投入必要的精力,看上去很忙,实际上是"穷忙"、"瞎忙"。

因此,如果你好高骛远,那就犯了一个大错误。目标远大固然不错,但目标就好像靶子,必须在你的有效射程之内才有意义。如果目标太偏离实际,反而无益于你的进步。

好高骛远者首要的失误在于不切实际,既脱离现实,又脱离自身,总是这也看不惯,那也看不惯。或者以为周围的一切都为难自己,或者不屑于周围一切,终日牢骚满腹,认为这也不合理,那也有失公允。

不能正视自身,没有自知之明,是这类人的突出特征。其实每个人都该掂量自己有多大的本事,有多少能耐,不要沾沾自喜于过去某方面的那一点点成绩,要知道自己有什么缺陷,不要以己之所长去比人之所短。

脱离了现实便只能生活在虚幻之中,脱离了自身便只能见到一个无限夸大的变形金刚。没有坚实的基础，只有空中楼阁、海市蜃楼；没有切实可行的方案和措施，只有空空洞洞的胡思乱想，这是造成好高骛远的人生悲剧的前奏。

好高骛远者打心眼里瞧不起每天围绕在身边的那些小事，不屑于做它，这是造就好高骛远者人生悲剧的根本性原因。小事瞧不起不愿做，而大事想做却做不来，或者轮不到他做，最后终于一事无成。眼看着别人硕果累累，他空有抱怨、空有妒忌，就像那只可怜的蜗牛。

"三百六十行，行行出状元。"成功之路有千万条，别人成功之路自己当然也可以走，但这并不意味着每个人都可以走。因为人与人在兴趣、能力等诸多方面千差万别，每个人都有着不同于他人的"自身实际"。有志者确立自己的奋斗目标，一定要切合这个"自身实际"。

7.有做小事的精神，才有做大事的气魄

人，能一心一意地做事，世间就没有做不好的事。这里所讲的事，有大事，也有小事，所谓大事小事，只是相对而言。很多时候，小事不一定就真的小，大事不一定就真的大，关键在做事者的认知能力。那些一心想做大事的人，常常对小事嗤之以鼻，不屑一顾。其实连小事都做不好的人，大事是很难成功的。

有位智者曾说过这样一段话，他说："不会做小事的人，很难相信他会做成什么大事。做大事的成就感和自信心是由小事的成就感积累起来的。可惜的是，我们平时往往忽视了它，让那些小事擦肩而过。"

勿以善小而不为，勿以恶小而为之。"小事正可于细微处见精神。有做小事的精神，就能产生做大事的气魄"。不要小看做小事，不要讨厌做

小事。只要有益于工作,有益于事业,人人都应从小事做起,用小事堆砌起来的事业大厦才是坚固的,用小事堆砌起来的工作长城才是牢靠的。

有位女大学生,毕业后到一家公司上班,只被安排做一些非常琐碎而单调的工作,比如早上打扫卫生,中午预订盒饭。一段时间后,女大学生便辞职不干了。她认为,她不应该蜷缩在"厨房"里,而应该上得"厅堂"。

可是一屋不扫,何以扫天下。一个普通的职员,即使有很好的见解,通常被重用,也要受一段不短时间的煎熬,最重要的是要努力做出能让别人倾听到自己意见的资格和成绩,在别人眼里,你才能举足轻重,不易被人忽视。

因此,从小事做起的工作,年轻时就应努力去做好。

曾有一位人事部经理感叹道:"每次招聘员工,总会碰到这样的情形:大学生与大专生、中专生相比,我们也认为大学生的素质一般比后者高。可是,有的大学生自诩为天之骄子,到了公司就想唱主角,强调待遇。别说挑大梁,真正找件具体工作让他独立完成,却往往拖泥带水,漏洞百出。本事不大,心却不小,还瞧不起别人。大事做不来,安排他做小事,他又觉得委屈,埋怨你埋没了他这个人才,不肯放下架子干。我们招人来是工作、做事的,不成事,光要那大学生的牌子干吗?所以有时候,大学生、大专生、中专生相比之下,大专生、中专生反而更实际,更有用。"

现在,社会上有的企业急需人才,而有的大学生却被拒之于门外,不受欢迎,不被接纳,对此现象,该人事部经理算是道出了其中缘由。

人生价值真正的伟大在于平凡,真正的崇高在于普通,最平凡,最普通却又最伟大,最崇高。从普通中显示特殊,从平凡中显示伟大,这才是做人做事之道。

小事,一般人都不愿意做。但成功者与碌碌无为者最大的区别,就是他愿意做别人不愿意做的事情。一般人都不愿意付出这样的努力,可是成功者愿意,因此他获得了成功。

别人不愿意端茶倒水,你更要端出水平;别人不愿意洗涮马桶,你更要涮得明亮;别人不愿意操练,你更要加强自我操练;别人不愿意做准备,你更要多做准备;别人不愿意付出,你更要多付出。

每一件别人不愿意做的小事,你都愿意多做一点,你的成功率一定会不断提高。

同事不愿做的事情,你愿意去做;别人不想做的事,你愿意去做。只要你能做别人不愿意做的事情,只要你能做别人不想做的事情,你就可以成功。

因此,成功最重要的秘诀,就是去做别人不愿意做的小事。

因此,做事不可以被大小限制,被时间限制,被空间限制。人生三不朽,曰立德、立功、立言。因而,需要具有超越自我、超越时空的观念,跳出大大小小的圈子,成就最普通而又最特殊,最平凡而又最高尚,最渺小而又最伟大的事业。

一个矿泉水瓶盖有几个齿?

固然我们经常喝矿泉水,但你不会在意,刚刚拧开的那瓶矿泉水,瓶盖上会有几个齿。假如我拿这个题目考你,你一定会嗤之以鼻,由于这个题目太无厘头了。

一家电视台做了一期人物访谈,嘉宾是宗庆后。知道宗庆后的人未几,但几乎没有人没有喝过他的产品——娃哈哈。这个42岁才开始创业的杭州人,曾经做过15年的农场农民,栽过秧、晒过盐、采过茶、烧过砖、蹬着三轮车卖过冰棒……在短短20年时间里,他创造了一个商业奇迹,将一个连他在内只有三名员工的校办企业,打造成了中国饮料业的巨无霸。

关于他的创业、关于娃哈哈团队、关于民族品牌铸造……在问了若干个大家感兴趣的题目后,主持人忽然从身后拿出了一瓶普通的娃哈哈矿泉水,考了宗庆后三个题目。

第一个题目,"这瓶娃哈哈矿泉水的瓶口,有几圈螺纹?"

四圈。宗庆后想都没想,回答道。主持人数了数,果然是四圈。

第二个题目,"矿泉水的瓶身,有几道螺纹?"

八道。宗庆后还是不假思考地一口答出。主持人数了数,只有六道啊。宗庆后笑着告诉她,上面还有两道。

两个题目都没有难倒宗庆后,主持人不甘心。她拧开矿泉水瓶,看着手中的瓶盖,沉吟了片刻,提了第三个题目,"你能告诉我们,这个瓶盖上有几个齿吗?"

观众都诧异地看着主持人,不知道她葫芦里卖的是什么药。很多人赶到电视录制现场,就是为了一睹传奇人物的风采,有的人还预备了很多题目,向宗庆后现场讨教呢。可是,主持人竟将宝贵的时间,拿来问这样一个无聊题目。

宗庆后微笑地看着主持人,说:"你观察得很仔细,题目很刁钻。我告诉你,一个普通的矿泉水瓶盖上,一般有18个齿。"

主持人不相信地瞪大了眼睛,"这个你也知道?我来数数。"主持人数了一遍,真是18个。又数了一遍,还是18个。

主持人站起来,做最后的节目总结,"关于财富的神话,总是让人布满好奇。一个拥有170多亿元身家的企业家,治理着几十家公司和两万多人的团队,开发生产了几十个品种的饮料产品,逐日需要决断处理的事务何其繁杂?可是,他连他的矿泉水瓶盖上有几个齿,都了如指掌。也许我们可以从中看到,他是如何一步一步走向成功的。"

人们恍然大悟,场上响起热烈的掌声。

不因小而失大,不因少而失多。抛弃大小的竞争,抛弃高下的念头,抛弃富贵的欲望,而一心一意从小事做起,就是洗厕所、扫大街,也会比别人打扫得更干净。

越是那种埋怨自己工作价值渺小的人,真正给他们一份棘手的工作时,他们越是退缩而不敢接受。具有十成力量的人,去做仅仅需要一成力量的工作,其中有生命的意义和悠闲的心情。在长远的人生中,这种生命的意义和悠闲的心情对于人格的形成与扩展,有决定性的帮助。

许多白手起家而事业有成的人,在小学徒或小职员时代就能以最高的热忱和耐心去面对上司给予他们的小工作,这是非常普通的事实。我们不可能用数量来衡量工作的大小,"大往往在小之中"。

测试:你经常受情绪的影响吗?

1.看到自己最近一次拍的照片,你有何想法?

A.觉得不称心

B.觉得很好

C.觉得可以

2.你是否想到若干年后会有什么使自己极为不安的事?

A.经常想到

B.从来没有想过

C.偶尔想到过

3.你是否被朋友、同事或同学起过绰号、挖苦过?

A.常有的事

B.从来没有

C.偶尔有过

4.上床以后,你是否经常再起来一次,看看门窗、厕所的灯关好没有?

A.经常如此

B.从不如此

C.偶尔如此

5.你对与你关系最密切的人是否满意?

A.不满意

B.非常满意

C.基本满意

6.半夜的时候,你是否经常有觉得害怕的事?

A.经常

B.从来没有

C.偶尔有这种情况

7.你是否经常因梦见什么可怕的事而惊醒?

A.经常

B.没有

C.偶尔

8.你是否曾经有多次做同一个梦的情况?

A.有

B.没有

C.记不清

9.有没有一种食物使你吃后呕吐?

A.有

B.没有

C.记不清

10.除去看见的世界外,你心里有没有另外的世界?

A.有

B.没有

C.记不清

11.你是否时常觉得不是现在的父母所生?

A.时常

B.没有

C.偶尔有

12.你是否觉得有人爱你或尊重你?

    A.是

    B.否

    C.说不清

13.你是否常常觉得你的家庭对你不好,但是你其实清楚他们的确对你很好?

    A.是

    B.否

    C.偶尔

14.你是否觉得没有80%了解你的人?

    A.是

    B.否

    C.说不清楚

15.你在早晨起来的时候最经常的感觉是什么?

    A.忧郁

    B.快乐

    C.讲不清楚

16.每到秋天,你的感觉是什么?

    A.秋雨霏霏或枯叶遍地

    B.秋高气爽或艳阳天

    C.不清楚

17.你在高处的时候,是否觉得站不稳?

    A.是

    B.否

C.有时是这样

18.你平时是否觉得自己很强健？

    A.是

    B.否

    C.不清楚

19.你是否一回家就立刻把房门关上？

    A.是

    B.否

    C.不清楚

20.坐在小房间里把门关上后，你是否觉得心里不安？

    A.是

    B.否

    C.偶尔是

21.当一件事需要你做决定时，你是否觉得很困难？

    A.是

    B.否

    C.偶尔是

22.你是否常常用抛硬币、翻纸牌、抽签之类的游戏来测吉凶？

    A.是

    B.否

    C.偶尔

23.你是否常常因为碰到东西而跌倒？

    A.是

    B.否

    C.偶尔

24.你是否需要一个多小时才能入睡，或醒得比你希望的早一个小时？

    A.经常这样

B.从不这样

C.偶尔这样

25.你是否曾看到、听到或感觉到别人觉察不到的东西？

A.经常这样

B.从不这样

C.偶尔这样

26.你是否觉得自己有超乎常人的能力？

A.是

B.否

C.不清楚

27.你是否曾经觉得因有人跟着你走而心里不安？

A.是

B.否

C.不清楚

28.你是否觉得有人在注意你的言行？

A.是

B.否

C.不清楚

29.一个人走夜路时，是否觉得前面暗藏着危险？

A.是

B.否

C.偶尔

30.你对别人自杀有什么想法？

A.可以理解

B.不可思议

C.不清楚

以上各题的答案，选A得2分，选B得0分，选C得1分。把你的得分加起来,算出总分。

总分越少,说明你的情绪越稳定,反之越差。

结果分析:

总分0~20分:你的情绪稳定、自信心强,能面对现实,具有较强的道德感、美感和理智感,有较强的情绪自控能力。社会适应能力较好,能理解周围人的心情。你一定是个性情爽朗、受人欢迎的人。

总分21~40分:你的情绪基本稳定。能沉着应对生活中出现的一般问题,但因为对事情的考虑过于冷静、淡漠和消极,所以常常不善于发挥自己的个性,使自信心受到压抑,办事热情忽高忽低,易瞻前顾后、踌躇不前。

总分41分以上:你的情绪极不稳定。不容易应付生活中的挫折、容易冲动,感到日常烦恼多,使自己的心情处于紧张和矛盾之中。

如果你的得分在50分以上,则是一种危险信号,你最好去做心理咨询或去看心理医生。

第三章

 ## 善待欲望，
莫让焦虑耗尽最美的年华

1.定期修剪欲望

欲望出自于人的本能，太过于压制并不是什么好事。但是如果欲望扰乱了我们的心神，让我们不得安宁的时候，就是应该修剪的时候了。

在东京西郊有一座寺院，因为地处偏远，香火一直不旺。后来，这里来了一位新住持。这位住持很奇怪，刚到寺院就开始修剪寺院周围那些杂乱无章、恣肆张扬的灌木。其他僧侣不知住持意欲何为，住持却笑而不答。

一天，有一位富翁路过此地，住持接待了他。喝完茶之后，住持陪富翁四处转悠。行走间，富翁问他，人怎样才能清除掉自己的欲望？

　　住持微微一笑,给了他一把剪刀,"只要反复修剪这些树,你的欲望就会消除。"富翁照着做了,一炷香的时间过去之后,富翁发现身体舒展轻松了很多。可是平日堵在心头的那些欲望好像并没有放下。住持淡然地告诉他,经常修剪就好了。

　　从那以后,富翁每隔一段时间就来寺院修剪灌木。直至把灌木修剪成了一只大鸟的形状。后来,住持问他是否已懂得了如何修剪心中的欲望。富翁实诚地告诉他,虽然每次修剪的时候都能气定神闲,了无挂碍。但是回到生活圈子之后,心中的欲望依然会膨胀到几乎失控。

　　住持叹道,"施主,其实我建议你来修剪灌木只是希望你每次修剪前,都能发现原来剪去的部分又会重新长出来。这就像我们的欲望,不可能完全把它消除,我们能做的,就是尽力把它修剪得更美观。放任欲望,就会像这满坡疯长的灌木一样丑恶不堪。只有经常修剪,才能使它们成为一道悦目的风景。对于名利,只要取之有道,用之有度,利己惠人,它就不应该被看作是心灵的枷锁。"

　　富翁大悟。此后,越来越多的香客开始来到这里修剪"欲望",寺院周围的那些灌木也越来越美丽壮观。

　　欲望如树,生生不息。永无止境,令人疯狂。太多的欲望将会使人失去心灵上的自由,成为心灵的负累,如果再任由它如野草般疯长的话,必定会把原本清净与安宁的空间全部挤占,让自己变成纯粹的欲望动物,陷入越来越多的烦恼与不安之中。

　　禁欲是极端,纵欲也是极端。剪去狂躁,才能冷静处事;剪去虚浮,才能脚踏实地;剪去过多的贪欲,才能保持清醒;剪去猥琐,才能不令人厌恶……剪去这些杂乱的枝干,才能拥有一颗宁静的心,一颗奋斗的心和一颗愉悦的心。

　　曾听说过这样一则故事:

一天傍晚，两个非常要好的朋友在林中散步。这时，有位僧人从林中惊慌失措地跑了出来，两人见状，便拉住那个僧人问道："你为什么如此惊慌，到底发生了什么事情？"

僧人忐忑不安地说："我正在移植一棵小树，忽然发现了一坛子黄金。"

两个人感到好笑："这僧人真蠢，挖出了黄金还被吓得魂不附体，真是太好笑了。"然后，他们问道："你是在哪里发现的，告诉我们吧，我们不害怕。"

僧人说："还是不要去了，这东西会吃人的。"

两个人异口同声地说："我们不怕，你就告诉我们黄金在哪里吧。"

僧人告诉了他们埋藏黄金的地点。两个人跑进树林，果然在那个地方找到了黄金。好大一坛子黄金！

其中一个人说："我们要是现在把黄金运回去，不太安全，还是等天黑再往回运吧。这样吧，现在我留在这里看着，你先回去拿点饭菜来，我们在这里吃完饭，等半夜时再把黄金运回去。"

于是，另一个人就取饭菜去了。

留下的这个人心想："要是这些黄金都归我，那该多好呀！等他回来，我就一棒子把他打死，那么，这些黄金不就都归我了？"

回去的那个人也在想："我回去先吃饭，然后在他的饭里下些毒药。他一死，黄金不就都归我了吗？"

回去的人提着饭菜刚到树林里，就被另一个人从背后用木棒狠狠地打了一下，当场毙命了。然后，那个人拿起饭菜，狼吞虎咽地吃了起来。没过多久，他的肚子里就像火烧一样疼，他这才明白自己中毒了。临死前，他心里暗想：僧人的话真的应验了，我当初怎么就不明白呢？

欲望就像是一条锁链，一个牵着一个，永远不能满足。很多人都明白，贪欲会把人带向罪恶的深渊，让人失去理智。它可以使人相互摧残，甚至使最好的朋友都能反目成仇。贪字头上一把刀，人的内心一旦被贪欲所吞噬,那他必将被其毒害。

人生如同一条河流,有其源头,有其流程,当然也有其终点,而不管流程有多长,有多短,终究都会到达终点,流入海洋。那么在我们活着的时候,有什么欲望是一定非要满足不可的呢? 为什么要让欲望恣意滋生呢?

欲望就像头发一样,总会向上生长。欲望是人痛苦的根源,因为欲望永远不能被满足。我们要做的是尽量将自己的生活简单化,减少对物质的过多依赖,简简单单的生活会让人觉得神清气爽。当然,我们不能要求每个人都做到清心寡欲,但至少我们可以在简化自己生活的过程中,减少自己的欲望。我们会明白,即使我们缺少一些东西,生活还是一样过得很好,甚至更快乐。

当生活越简单时,生命反而越丰富,尤其是少了欲望的羁绊,我们越是能够从世俗名利的深渊中脱身, 感受到自己内心深处的宽广和明净。因此,每一个人都应懂得修剪自己的欲望。

2.你在羡慕别人,别人也在羡慕你

曾看到过这样一个小故事:

上帝派天使甲和天使乙在人间巡游,于是两位天使便看到这样有趣的一幕:

一个衣衫褴褛的乞丐看到一个男孩左手拿着面包,右手拿着牛奶,边走边吃。乞丐摸了摸饥肠辘辘的肚皮,咽下一团又一团口水,羡慕地自言自语:"哎,能吃饱饭,真幸福呀!"

那位小男孩刚走了几步,就看到一个女孩坐在爸爸的摩托车后座上来到了肯德基，买了一个大号的外带全家桶，开心地啃着汉堡，吸着可乐！小男孩于是看了看自己手中的面包和牛奶，羡慕地自言自语："唉！能吃这么多美味，真幸福呀！"

啃着汉堡包的小女孩坐在爸爸的摩托车后座上，忽然看到一辆漂亮的黑色小轿车从身旁驶过，绝尘而去！小女孩想："能开这么漂亮的车子，真幸福呀！"

而小轿车里坐着的却是一个逃犯，他正在逃避警察的追捕，可他终究还是被警方逮到了，警察给他戴上了冰凉的手铐，坐在警灯闪烁的警车里。他透过车窗看到一个乞丐在路上漫无目的地走着，于是他羡慕地朝乞丐喊了一声："唉，可以自由自在不受束缚，多幸福呀！"

乞丐听到那人的话，心里一下高兴起来了，原来，自己也是幸福的，以前怎么没有发现啊！于是，他手舞足蹈地一路唱着歌去了。

两位天使回去后，他们向上帝汇报了在人间所见到的这一切，并述说了心中的困惑："为什么乞丐也是幸福的呢？"

上帝微笑着说："人生来就拥有活得幸福的权利，只是一些人没有去主动发现幸福而已。但不管怎么说，选择适合自己的生活方式，能够自由自在的人，最容易获得幸福。"

现代社会里，激烈的全方位竞争、复杂的人际关系、快速的生活节奏，给人们的心理带来了很大的压力，使他们对幸福也茫然起来了，总是把幸福放在别处，而不会从自身去寻找，自然就会觉得幸福难觅。

生活中，左右、羁绊和束缚我们的可能是各种感官和物欲。没有谁的生活是一帆风顺的，多多少少都要受到一些外来条件的束缚。但是，外来的束缚其实是可以通过内心来化解的，主要在于能否找到一种属于自己的生活方式。

曾有这样一位将幸福寄托在儿子身上的父亲。

当年,儿子一心想要学艺术,并且有很高的天赋。但是父亲却说,学艺术的人都是叫花子,他养儿子读书,就是为了能让他住到城里去,这是他的一种强烈的渴望。自从儿子读书以后,父亲逢人就说,他的儿子学习不错,以后大学毕业了,在城里买房,他们一家就搬到城里去了。城里的生活,想想,该有多美好啊!

儿子一直都很听话,父亲说的他都听,所以成绩一直很好,最后帮父亲实现了这一愿望——他在城里工作了,并且很快拥有了一个属于自己的家。

春节了,儿子说要接父亲到城里去住。而平时他因工作忙,没时间照顾父亲。那是父亲第一次出远门,坐在车里往窗外看,外面花花绿绿的世界让父亲很兴奋,他就像孩子似的整个晚上都没有睡着,一直都在看外面的世界。

后来住在儿子的家里,父亲越来越不高兴了,感觉一切都无法适应。他不明白,城里人上厕所怎么会在家里;他不明白,城里人吃饭怎么吃得那么少;他晚上睡不着,因为床太软;就连在家吸纸烟,他也不习惯,平时想抽一口旱烟吧,一看儿媳妇那张痛苦的面孔,他就感觉很内疚。更要命的是,他的心里总是闲不下来,总想找点事情做,比如割草,砍柴,放牛,喂猪……他想,这就是自己渴望了大半辈子的生活吗?

终于,在儿子的家中熬过一个月之后,他愁眉苦脸地来到儿子面前,说:"你还是让我回家吧!爸希望你以后多存点钱,让爸在乡下养老,这城里的幸福,爸是享受不了了。"

回到了家乡,父亲的脸上又露出了笑容,逢人便说,那城里的生活,真不是人过的,哪有在乡下舒服,自由自在多快活!

人活一辈子都在忙些什么呢?各种回答最后大概都可以归结为追求幸福。其实,仔细想想,不难发现,那些幸福的人们,他们都是身心自由的人。贫穷也好,富裕也好,他们都能努力找到一种适合自己的生活方式,然后抛开烦恼，自由自在地活着。

其实，我们没有必要羡慕别人的生活，生活都是一样的，你所看到的别人的生活并不一定就比你的生活幸福。正如叔本华所说："人们很少会想到他们拥有些什么，但是，却常常想到比别人少了些什么。"

3.不要让攀比毁掉你的幸福

生活中，只要细心留意，种种由攀比而导致的闹剧、悲剧几乎每天都在上演。

其实，那些整天过得闷闷不乐，对自己的处境感到不满的人，并不一定是因为自己的处境有多么悲惨，而是因为他们暗自将自己的生活状况拿去和别人攀比，看到生活状况比自己好的朋友、同事、同学等，就总觉得别人比自己更幸运、更幸福。而自己呢？无形之中好像就成了最不幸的一类人。这样一来，还怎么能够活得开心，过得幸福呢？

曾有一位年过七旬的老人，在参加战友聚会回来之后，因脑溢血而住进了医院，多亏抢救及时才保住了生命。原来，在聚会时他知道了现在战友们的生活情况要比自己好许多，他们留在部队的，有的到了正军级，当上了将军，最普通的也是师级干部；转业从政的战友中，有的成了厅局长，有的是县处级；复员转业后经商的人，更是让人刮目相看，个个财大气粗，穿着名牌，住着别墅，开着宝马……老人一想到自己，转业后只当了个小工厂的车间主任，单位效益不好，退休后养老金不多，再加上老伴看病、儿子下岗，一家人过得紧巴巴的。和人家比一比，再想想自己，越比越生气，一着急差点送了命。

俗话说：人比人，气死人。如果两个人真要攀比，就算两人都是亿万富翁，恐怕攀比的结果也不会让自己如意。正所谓金无足赤，人无完人。虽然两人的财富一样多，但是生活上总会有差距。如此一来，总拿自己的短处去比别人的长处，岂不是自己跟自己过不去么？事物总是在不断变化的，生活中我们应保持一颗平常心，不以物喜，不以己悲，在待遇和生活方面不与比自己高的人去攀比。

美国作家亨利·曼肯说："如果你想幸福，有一件事非常简单，就是与那些不如你的人，比你更穷、房子更小、车子更破的人相比，你的幸福感就会增加。"

如果我们对生活现状不满意，就想一想过去的艰苦岁月，比一比那些仍然缺吃少穿的穷人，给自己一点安慰，它会让你感受到幸福和快乐无时不在，无所不在。而盲目的攀比，则会毁掉一个人的幸福，让人痛苦不堪。

一只乌鸦看到老鹰叼走了一只绵羊，嘴馋的乌鸦于是想，老鹰能抓羊，我为什么就不能呢？老鹰有爪子，我也有，老鹰会飞，我也会。最后，不甘心的乌鸦便决定仿效老鹰的样子：它盘旋在羊群上空，盯上了羊群中最肥美的那只羊。它贪婪地注视着那只羊，自言自语地说道："你的身体如此丰腴，我只好选你做我的晚餐了。"说罢，乌鸦呼啦啦带着风直扑向那咩咩叫着的肥羊。

结果是：乌鸦不仅没把肥羊带到天空，它的爪子反而被羊卷曲的长毛紧紧地缠住了。这只倒霉的乌鸦脱身无术，只好等牧人赶过来逮住它并把它投进笼子，成了孩子们的玩物。

我们常常觉得自己过得不快乐，那是因为我们追求的不是真正的幸福，而是"比别人幸福"；不要去和别人攀比，幸福不幸福，快乐不快乐只有自己知道，选择适合自己的就行了，适合你的，就是最好的。此外，还应该注意到，攀比心理主要来源于对他人的嫉妒，人一旦陷入了这个旋涡就难以自拔，久而久之定会损己害人。

懂得满足，适当放低自己的幸福底线，不要奢求太多，经营好现在所拥有的，人才会自得其乐，从而避免很多不必要的事情发生。克服攀比心理，生活才会充满阳光，我们才不至于让攀比毁了自己的幸福。

有个小故事是这样的：

从前，有一只小老鼠整天被猫追来追去，它感到十分烦恼。于是，它去求见上帝，央求上帝说："你把我变成猫吧，这样我就不用被猫追了。"

上帝答应了，把它变成了猫。可是变成猫以后，小老鼠又被狗追来追去，它觉得还是老虎比较厉害，于是又央求上帝把它变成了老虎。可是，变成老虎它还是不满足，又苦苦哀求上帝把它变成大象，上帝没办法就答应它了。小老鼠变成大象后，突然有一天它的鼻子痒得受不了，它恨不得把自己的鼻子割下来，后来从它的鼻子里边钻出来一只小老鼠。

这时，它才明白，原来做小老鼠也挺好的。从此以后，小老鼠再也不攀比了。

每个人都应该尽早认清自己，回到自己的生活中来，去寻找自己的幸福，不要总把目光放在别人的身上。就像上面这个小故事里的小老鼠一样，什么都想和别人攀比，等绕了一大圈回来，才发现，原来的自己其实才是最好的。

不和别人攀比，保持平和心态，是一种修养，同时也是一种生活的智慧——渴望幸福的人们，幸福就在你们的身上，还和别人攀比什么呢？

4.见利思害,守得住清廉

凡事有利则必有害。何为利？利不仅是经商做买卖,赚取的利益是利;以私灭公,只要自己方便,不顾他人利益、损害社会利益的行为都是只顾一己之私的利。它不仅危害社会,同时也是害了自己。

贪求小利而忘了大害,如同染上绝症难以治愈;毒酒装满酒杯,好饮酒的人喝下去会立刻丧命,这是因为只知道喝酒的痛快而不知其对肠胃的毒害;遗失在路上的金钱自有失主,爱钱的人夺取而被抓进监牢,这是因为只知道看重金钱的取得而不知将受到关进监牢的羞辱;用羊引诱老虎,老虎贪求羊而落进猎人设下的陷阱;把诱饵扔给鱼,鱼贪饵食而忘了性命。

因此,聪明智慧的人看到名利,就考虑到灾害;愚蠢的人看到名利,就忘记了灾害。考虑到了灾害,灾害就不会发生;忘记了灾害,灾害就会出现。

自古至今只有能明事非、辨利害,才能忍耐住自己的本性,才能见利思害。做到这一点,是很不容易的。常言道:"贪如火、不遏则燎原;欲如水,不遏则滔天。"人一旦贪欲之口一开,就很难在诱惑面前止步,最终必然会滑入泥潭难以自拔。为官者,两袖清风,廉洁清正是根本。而要守得住清廉,经得起诱惑,不做贪官,就必须要有足够的辨别是非和自我约束能力。

某报纸上有文章认为,某些领导干部以"碍于情面"为自己违法犯罪开脱,说到底,还是欲望在作怪:或为了自己从中得到好处,或为了自己不得罪人。一心为公的人是不会"碍于情面的"。

东汉时期,荆州刺史杨震调任东莱太守。他从荆州赴东莱上任时,途中经过昌邑。昌邑县令王密热情地接待了他。原来王密也是荆州人，他当下窃想，如今杨震成了自己的顶头上司，以后还需要他提携。于是王密便在深夜带着黄金，悄悄地来到杨震住处，对杨震说："多亏大人当年的举荐，小人才得以任此县令。昌邑无特产，仅与十斤黄金赠送大人，聊表心意，请大人一定笑纳，以后还望大人多多关照！"

见到那么多金灿灿的黄金，杨震不仅不开心，反而面显怒色，很严厉地说："作为故友，我是十分了解你的，可你为什么不了解我呢？"王密小声地说："现在已是深夜，没有人会知道的，请大人放心！"

杨震哈哈大笑，用手推开房门，拍着王密的肩膀说："天知、地知，你知、我知，怎么能说没人知道呢？你还是赶紧把黄金拿走吧！"王密见讨好不成，只好带着黄金灰溜溜地回去了。

如今社会中，"因情面所困"而落马的官员为数不少，许多人称"因碍于情面，丢了原则，终于酿成大错"，有些人说"自己也很无奈，托他办事的人得罪不起"。不管是人情所累，还是"得罪不起"，都是个人私利作祟和欲望膨胀，不是"得罪不起"，而是根本不想去得罪。于是，为了个人私欲，不惜得罪民众，不惜损害公平正义，以身试法，攀附权贵、拉拢党羽，美其名曰"人情关系"。

古人云：民如水，水能载舟，亦能覆舟。如果官员都碍于情面，置国家法令于脑后，置社会公平正义于脚下，置人民的权益保障如鸿毛，那么，政为谁而执？官为谁而事？

为官者要想清正有为无是非，拒贿也算一门"必修课"，自古以来，拒绝贿赂的方法很多，有的棒打喝止，有的题文自勉，有的明牌警告，有的厚谢婉拒。古代廉吏的这些拒贿"妙术"，对于我们不无启发。

唐代著名诗人白居易，为官时通过自己的诗歌作品向社会公布个人收入与财产，清名永传于世。刚入仕途时，白居易担任政府机关校书郎，是个抄抄写写的"文秘",他在诗中说:"幸逢太平代,天子好文儒,小才难大用,典校在秘书。俸钱万六千,月给亦有余,遂使少年心,日日常晏如。"不久,升为左拾遗,工资翻了一番,作诗:"月惭谏纸二千张,岁愧俸钱三十万。"接着,外派到苏州任刺史:"十万户州尤觉贵,二千石禄敢言贫。"随后,白居易调回京城,为宾客分司,工资已是他刚入仕时的十倍:"俸钱八九万,给受无虚月。"最后,为太子少傅时,工资最高,而且工作还相当清闲自在:"月俸百千官二品,朝廷雇我做闲人。"到了晚年,他回到洛阳颐养天年,领到原来月薪百分之五十的养老金:"寿及七十五,俸占五十千。"

白居易就是用这样的方式,不让别人有行贿的机会,也不给自己留下受贿的空间。

清代张伯行在福建和江苏任巡抚、总督时,极力反对以馈赠之名行贿赂之实,并写过一篇禁止馈送的檄文:"一丝一粒,我之名节;一厘一毫,民之脂膏。宽一分,民受赐不止一分;取一文,我为人不值一文。谁云交际之事,廉耻实伤;倘非不义之财,此物何来?"此文言简意赅,浩气凛然,表现了他对拒礼拒贿的深刻认识。这种严格自律,堂堂正气,使行贿送礼之辈望而却步。张伯行正是凭借着这种坚定的为官立场,成了"清廉刚直,政绩卓著"的楷模,从而彪炳史册。

我们从古人这些拒贿的不同方式中可以看出,拒贿关键是自己要树立"以廉为美,以贪为耻"的人生态度,才能做到"风吹云动星不动,水涨船高岸不移";才能始终保持一颗廉洁奉公之心,干净做事,清白做人。

要廉洁清正,为官者必须知可得与不可得,明礼明度,知足常乐。俗语说"莫伸手,伸手必被捉",如果贪得无厌,欲壑难填,就必然会不择手段、不顾后果地去攫取,结果不但葬送了自己的前途乃至性命,还会成为人民之害、国家之祸。

5.君子爱财,取之有道

天下熙熙皆为利来,天下攘攘皆为利往,芸芸众生皆不能免俗。金钱不是万能的,但没有钱是万万不能的,物质是基础,没有钱会寸步难行。人们的日常生活、衣食住行哪一样也离不开钱。

但是君子爱财,也要取之有道,有的人对钱的渴盼达到了极致,认为拥有了钱就可以拥有一切,"有钱能使鬼推磨"。很多投机分子却总想歪门邪道。以身试法,钻法律空子,在短时间之内可能横财冲天,但最终的结果是法网恢恢,疏而不漏,难逃法律的制裁。

许松在学生时代可谓是个风云人物,无论同学还是老师都对他赞誉有加。大学毕业后他在某公司工作,平时常听到身边的同事说买了什么车、房,心里渐渐有了落差,总是愤愤不平:凭什么他们能开好车、住豪宅而我不能呢?!虽说每个月的工资不低,可要买好车豪宅还不知道要等到什么年月。他也想过要跳槽,凭自己的本事每月多赚些,心安理得地生活也是个不错的选择。可转念一想,自己现在手上管着公司那么多钱,为什么不先赚一笔呢?有了钱买了车、买了房再跳槽也不迟,罪恶的念头就这样产生了。

于是他就着手实施自己雄心勃勃的计划。他利用自己担任公司出纳的职务便利,将公司资金通过公司转账至其本人在银行的个人账户,然后再转至其股票账户,用于炒股。但股市有风险,几进几出,账户内的钱一下去了不少,为了防止被公司发现,他采用月初挪用资金,月底将钱还入公司的方法,将账做平,这样常常出现割肉的现象,股票亏得更多。面对股票日益亏损的局面,他采用挪用更多的资金,加大股本的方法,以期翻身。但结果不是套牢,就是亏掉。挪用的公司资金越来越多,漏洞越来越大,没过多久已挪用公司资金几百万元。走投无路的他猛然醒悟,向警方投案自首。

美好幸福的生活是靠脚踏实地的勤劳而获取的,那种投机取巧,牟取暴利,只图一时之快,最终时时地活在心不安、理不得的"半夜生怕鬼敲门"的恶梦之中。

无论是君子也好,凡夫俗子也罢,取财之道都必定是遵纪守法、符合做人的原则和品行,任何存在侥幸冒险心理的行为必将付出沉重的代价,只有通过自己诚实劳动得到的钱财,才能获得心中的坦然。

战国时期,某一天,齐国国王派人给孟子送来了一个箱子。孟子打开箱子一看,里面竟然装的全是金子。孟子立刻叫住来人,坚持不收,并让他们抬走了这箱金子。

第二天,薛国国王又派人送来五十镒金,这回孟子欣然接受了。孟子的弟子陈臻把这一切都看在心里,觉得非常奇怪,忍不住问道:"为什么你昨天不接受齐国的金子,今天却接受薛国的金子呢? 如果说你今天的做法是对的,那么你昨天的做法就是错的;如果今天的做法是错的,那么昨天的做法就是对的。可到底哪个是正确的呢?"

"我自然有我的道理。薛国周边曾经发生过战争,薛国国王请求我为他的设防之事出谋划策,今天他送来的这些金子是我应该得到的;至于齐国,我从来都没有为他做什么事情,这一箱赠金到底有何含义,我不清楚。但有一点是可以肯定的,那就是齐国想收买我。可是,你何曾见过真正的君子有被收买的?"孟子解释说。陈臻似有所悟:"原来辞而不受或者接受,都是根据道义来决定的啊!"

随着经济社会的高速发展,人与人之间的贫富差距越来越大,现实中的各种诱惑越来越影响着人们心灵的宁静。面对财富诱惑,许多人都会定力不够,便利欲熏心,进而不择手段。我们看到社会上的一些害群之马犯下抢劫、盗窃等罪行,还有不少人为了赚钱,无所不用其极;一些官员,因为爱财,但取之非正当手段,最终也纷纷落马。这些都是不知"取之有道"的表现。最终只能是害人又害己。

"心底无私天地宽",我们无论从事什么样的工作,都有时时保持清醒的头脑,在面对本不该属于自己的一些利益时,从心灵深处排除私心杂念,脚踏实地不投机取巧,努力拼搏,遵纪守法。这样我们不仅是有道,而且会有财,人们的生活也会因此而变得更美好,社会也会因此多增加一份安宁的和谐氛围。

6.不能背负的东西,就学会笑忘

晋代陆机在《猛虎行》写道:"渴不饮盗泉水,热不息恶木荫。"讲的是在诱惑面前的一种放弃、一种清醒。

在中国的人文精神里,是轻"物质"而重"精神"的,即古人所说的"人禽之辩"。但到了21世纪,世界似乎发生了颠倒性的变化,到处充斥着一种共同的东西,那就是欲望:权利的欲望、金钱的欲望……欲望铺天盖地,欲望为王,主宰和控制着我们、支配着我们,令我们身不由己,同时,我们在被物化、被异化,在背离人生意义的道路上越走越远。

佛家劝解世人:"饥则食,渴则饮,困则眠。"现世的人却不是饥则食,不渴而饮,不困则眠,而是争先恐后,贪婪地追逐金钱要比别人多,汽车要比别人高级,住宅要比别人豪华……

俄国作家托尔斯泰写过一篇故事:

　　有个农夫，每天早出晚归地耕种一小片贫瘠的土地，但收成很少。一位天使可怜农夫的境遇，就对农夫说，只要他能不断往前跑，他跑过的所有地方，不管多大，那些土地就全部归他所有。

　　于是，农夫兴奋地向前跑，一直跑、一直不停地跑！跑累了，想停下来休息，然而，一想到家里的妻子、儿女，都需要更大的土地来耕作、来赚钱，所以，他又拼命地再往前跑！真的累了，农夫上气不接下气，实在跑不动了！

　　可是，农夫又想到将来年纪大，可能乏人照顾、需要钱，就再打起精神，不顾气喘不已的身子，再奋力向前跑！

　　最后，他体力不支，咚地倒在地上，死了！

　　古代波斯诗人萨迪曾说过：贪婪的人，他在世界各地奔走。他在追逐财富，死亡却跟在他背后。

　　的确，人活在世上，必须努力奋斗；但是，当我们为了自己、为了子女、为了有更好的生活而必须不断地"往前跑"、不断地"拼命赚钱"时，也必须清楚知道有时该是"往回跑的时候了"！

　　在一本测算个性的书中，有这样一个故事：一个男孩和一个女孩做了一个小测验，说如果同时丢掉三样东西：钱包、钥匙和电话本，最紧张哪一样？女孩毫不犹豫地选择了电话本，而男孩则选择了钥匙。答案是，女孩是一个怀旧的人，男孩是一个现实的人。

　　后来他们分手了，女孩的确总是被过去纠缠得不得安宁，一段大学时代未果的爱情至今让她念念不忘，而爱情中的他早已为人夫、为人父。女孩的心停留在了过去，一直为当初未能坚持到底而悔恨。就在这种自责与留恋中，她错过了一个又一个不错的男孩。

　　佛家有句话：苦海无边，回头是岸。道理大家似乎都懂，可真正理解并付诸行动的却寥寥无几。其实,烦恼都是自己找来的。

生活总会有遗憾的。也正因为存在遗憾,对未来才有期待,期待未来能够弥补我们一个答案。正如那尊断臂的维纳斯雕像,它的残缺成就了它的流芳百世,反而让人觉得它是那样的美,充满了遐想的魅力。而这是人们从心里真正放弃了对它完美的追求换来的。外在的放弃可以让人接受教训,心里的放弃才能让人得到解脱。生活中的垃圾既然可以不皱一下眉头就轻易丢掉,情感上的垃圾又何必抱残守缺呢?

法国大文豪维克多·雨果,17岁那年与门当户对、年轻貌美的阿黛·富谢订婚,20岁两人便结婚了。阿黛是个画家,为雨果生了三个男孩两个女孩。这本应是个幸福的家庭,可是在他们婚后的第十年,阿黛遇到并仰慕一位作家,最终追随作家而去。这使雨果十分痛苦,又备受打击。第二年,他结识了女演员朱丽叶·德鲁埃,两人很合得来,随即坠入了爱河,这才使雨果那颗受伤的心得到了抚慰。

阿黛·富谢离开雨果后,生活并不幸福。经济一度很拮据,几乎到了举步维艰的地步。一次,她精心制作了一只镶有雨果、拉马丁、小仲马和乔治·桑四位作家姓名的木盒,到街头出售,可是因为要价太高,很多天都无人问津。一天,雨果从那儿经过看见了,就托人过去悄悄地买下来。这只木盒现仍陈列在巴黎雨果故居展览馆里。

爱是无私的,同时也是自私的。什么时候该自私,什么时候该无私,自己心中应该有一个天秤。雨果能够做到静观、坦然,是他明白了自己已经放下了曾经的羁绊,从心底放开了,所以他收获了人生中第二份真诚的爱情。

往者不可谏,来者犹可追。已经消逝的就让它存留在记忆的最深处,把它当作自己人生历史书中的一页,潇洒地翻过去,继续前行,寻找自己人生中最美的香格里拉。

歌德说过,欢乐无穷又悲苦欲绝,一如情感,一如生活。生活本来就是由很多混合的味道组成的,甜和苦,酸和辣。是谁说快乐是肤浅的,只有痛苦是深刻的?牢记快乐的人生才是洒脱,快乐的记忆是重新开始的动力之源。活在痛苦的记忆中,人生难免充满了挫折感和失落感,生活的勇气何来?不就是从快乐中而来吗?

快乐的奥秘何在呢?首先在于忘掉一切烦恼,使自己虚怀若谷。遗忘是快乐的先行者。假如把心比做一个茶杯,这个茶杯首先葆有"空"的状态,快乐的茶水才能倒进去。否则,内心烦恼痛苦满溢,还能存进何物呢?

7.节俭做储备,遇事才不慌

生活中处处充满着不可预知的风险,每个人都应该未雨绸缪,为未来多做点打算。年轻的时候,有赚钱的能力不把钱当回事,老年时必然会为钱所累,所以生活需要节俭。

节俭不仅是一种理财的方式,也是一种生活方式。

洛克菲勒刚开始步入商界之时,经营步履维艰,他对发财朝思暮想,苦于无方。有一天晚上,他从报纸上看到一则出售发财秘方的广告,高兴至极,第二天急急忙忙到书店去买了一本。他迫不及待地把买的书打开一看,只见书内仅印有"节俭"二字,使他很失望。

洛克菲勒回家后,思想十分混乱,几天寝不成眠。他反复考虑"秘方"的"秘"在哪里?起初,他认为书店和作者在欺骗,这书只有这么简单的两个字,他想指控他们在欺骗读者。后来,越想越觉得此书言之有理。确实,要致富发财,除了节俭以外,还会有其他方法吗?这时,他才恍然大悟。此后，他将每天应用的钱加紧节省储蓄，同时加倍努力工作，千方百计增加一些收入。这样坚持了5年，积存下800美元。然后将这笔钱用于经营煤油，终至成为美国屈指可数的大富豪。

洛克菲勒富甲天下以后，但从不在金钱上放任孩子。这从其家族中流传着的"14条洛氏零用钱备忘录"就可见一斑了。这个"备忘录"是约翰·洛克菲勒三世小时候与父亲约法三章所提出的，那时，父亲在经济上已显得很"吝啬"：每周给零花钱1美元50美分，最高不得超过每周2美元。且每周核对账目，要他们记清楚每笔支出的用途，领钱时每一笔账都要清楚，且用途要正当，这样可以在下周增发10美分，反之则减。由此可见，他对孩子的零用钱的使用要求很严格。

洛克菲勒一共有五个孩子，他也采用了同样的方法，当他们七岁的时候，他就开始向他们灌输如何对待"金钱"的观念。他从来不主动给孩子们钱花，如果有需要，就自己去"挣钱"。这样，孩子们从父母那儿得不到多少钱。父亲还曾经亲自教儿子们缝补衣服，并告诉他们，烹饪和缝补之类的事应该不只是女性去干，劳动是不分男女的。家产万贯的洛克菲勒家族，为什么如此苛责孩子呢？原因正像洛克菲勒所说的："我要他们懂得金钱的价值，不要糟蹋它。"

美国连锁商店大富豪克里奇，他的商店遍及美国50个州的众多城市，他的资产数以亿计，但他午餐从来都是1美元左右。美国克德石油公司老板波尔·克德也是一位节俭出名的大富豪。

有一天他去参观狗展，在购票处看到一块牌子写着："5时以后半价收费。"克德一看表是4时40分，于是他在入口处等了20分钟后，才购半价票入场，节省下25美分。克德每年收支超亿美元，他之所以节省25美分，完全是受他节俭习惯和精神所支配，这也是他成为富豪的原因之一。

节俭在许多方面都是卓越不凡的一个标志。节俭的习惯表明一个人有着足够的自我控制能力。一个人能够支配自己的金钱,必定能够主宰自己的命运。一个节俭的人一定不会是一个懒散的人,他有自己的一定原则,精力充沛,勤奋刻苦,而且比起那些奢侈浪费的人更加诚实。

两个年轻人一同寻找工作,一个是英国人,一个是犹太人。

一枚硬币躺在地上,英国青年看也不看地走了过去,犹太青年却激动地将它捡起。

英国青年对犹太青年的举动露出鄙视之色:一枚硬币也捡,真没出息!

犹太青年望着远去的英国青年心生感慨:白白地让钱从身边溜走,真没出息!

两个人同时走进一家公司。公司很小,工作很累,工资也低,英国青年不屑一顾地走了,而犹太青年却高兴地留了下来。

两年后,两人在街上相遇,犹太青年已成了老板,而英国青年还在寻找工作。

英国青年对此不可理解,说:"你这么没出息的人怎么能这么快地成功了?"

犹太青年说:"因为我没有像你那样绅士般地从一枚硬币上迈过去。你连一枚硬币都不要,怎么会发大财呢?"

英国青年并非不要钱,可他眼睛盯着的是大钱而不是小钱,所以他的钱总在明天。这就是问题的答案。

节俭是一个人一生之中最重要的品质,需要始终坚守。古人云:"俭,德之共也;侈,恶之大也。"节俭是中华民族的传统美德,也是一个人品德高尚的表现。

东晋有个大官叫吴隐之,他幼年丧父,跟母亲艰难度日,养成了勤俭朴素的习惯。做官后,他依然厌恶奢华,不肯搬进朝廷给他准备的官府,多年来全家只住在几间茅草房里。后来，他的女儿出嫁，人们想他一定会好好操办一下，谁知大喜这天，吴家仍然冷冷清清。谢石将军的管家前来贺喜，看到一个仆人牵着一条狗走出来。管家问道："你家小姐今天出嫁，怎么一点筹办的样子都没有？"仆人皱着眉说："别提了，我家主人过分节俭了，小姐今天出嫁，主人昨天晚上才吩咐准备。我原以为这回主人该破费一下了，谁知主人竟叫我今天早晨到集市上去把这条狗卖掉，用卖狗的钱再去置办东西。你说，一条狗能卖多少钱，我看平民百姓嫁女儿也比我家主人气派啊！"管家感叹道："人人都说吴大人是少有的清官，看来真是名不虚传。"

美国著名的成功学家拿破仑·希尔认为，节俭是人生的导师。一个节俭的人勤于思考，也善于制订计划。他有自己的人生规划，也具有相当大的独立性。

节俭是一种不应被大家忽视的美德，即使是在富足的今天，也应养成节约的良好生活习惯，养成正确支配金钱的习惯。

测试：你的嫉妒心有多强？

面对一张白纸，请拿起一支笔，画一幅画按照下列要求来悄悄测试一下自己的嫉妒心理的程度吧……

1.首先选择一下图画纸的背景：

　　A.视野开阔的原野

　　B.繁华拥挤的都市

　　C.神秘莫测的森林

　　D.驰名中外的景区

2.画上一幢你自己想象的、被称作"家"的房子，你可以选择：

A.宽敞气派的俄式别墅

B.实用现代的欧式公寓

C.简洁干净的日式住宅

D.古雅浪漫的中国庭院

3.接下来在房子的周围准备公共设施是：

A.街心花园

B.超级市场

C.中小学校

D.高级商场

4.你希望画中有几个人？

A.1个(自己)

B.2个

C.没有

D.很多(2个以上)

5.应该有一辆交通工具供你出行，你希望画上的车子是：

A.黑色奔驰

B.金色林肯

C.红色法拉利

D.银色劳斯莱斯

6.花儿是画面必不可少的装饰，你喜欢：

A.灿烂的樱花

B.高贵的郁金香

C.淡雅的桃李

D.多情的玫瑰

7.有一条路是通往外面世界的必经之路，你会将它画在哪里？

A.不管通向哪里，反正在自己车轮之下

B.这条路连接着"家"和公共设施

C.这条路在画中人的脚下

D.被花儿和树木掩映

8.你可以在画上留下签名,你会选择:

A.画的左上角

B.画的右上角

C.画的左下角

D.画的右下角

评分标准:

第1、5题为A.0分;B.1分;C.2分;D.3分;

第2、7题为A.3分;B.0分;C.1分;D.2分;

第3、6题为A.1分;B.2分;C.0分;D.3分;

第4、8题为A.3分;B.1分;C.2分;D.0分;

分析:

得分在0至3分者,恭喜你不知嫉妒为何物;

得分在4至15分者,有较为普遍而正常的嫉妒情绪;

得分在16至22分者,嫉妒心理需要适当调节;

得分在22至24分者,嫉妒程度……爆棚!

第四章

 人生只有三万天，
何必凡事都较真儿

1.别和自己过不去

生活中苦恼总是有的,有时人生的苦恼,不在于自己获得多少,拥有多少,而是因为自己想得到更多。而自己的能力却很难达到,所以我们便感到失望与不满。然后,我们就自己折磨自己,说自己"太笨"、"不争气"等等,就这样经常自己和自己过不去,与自己较劲。

世界上太多的人悲叹生活的艰辛,只有极少数人能在有限的生命中活出自己的快乐。一个人快乐与否,其实和她的生存环境关系不大,而是主要取决于如何善待自己的心态。

生活本已不易,再自己给自己想象很多烦恼,岂不是自己跟自己为难?

要知道,烦恼是一把摇椅,你一旦坐上去,它就会一直摇呀摇,总也停不下来。如果你跳下来，它自己也就不会再摇了。

　　一个心理学家做了一个很有意思的实验：他要求一群实验者周末晚上把未来7天会烦恼的事情都写下来，然后投入一个大型的烦恼箱中。第三周的星期日，他在实验者面前打开这个箱子，与成员逐一核对每项烦恼，结果发现其中90%的担忧并没有真正发生。

　　接着，他又要大家把那些真正发生的10%的烦恼重新丢入纸箱中。等过了三周，再来寻找解决之道。结果到了那一天，他开箱后，发现剩下的10%的烦恼已经不再是那些实验者的烦恼了，因为他们有能力应付。

　　原来烦恼是自己找来的，这就是所谓的自找麻烦。据统计，一般人的忧虑有40%属于过去，有50%属于未来，而92%的忧虑从未发生过，而剩下的8%是能够轻易应付的。

　　每个人都有七情六欲和喜怒哀乐，烦恼也是人之常情，是人人避免不了的。但是，由于每个人对待烦恼的态度不同，所以烦恼对人的影响也不同。

　　有一个人以为自己得了癌症，便跑去看医生。
　　医生问他："你觉得哪里不舒服？"
　　他回答："我好像没哪儿不舒服。"
　　医生又问："你感觉身体哪里疼？"
　　他说："感觉不到疼。"
　　医生又问："你最近体重有没有减轻？"
　　他说："没有。"
　　"那你为什么觉得自己得了癌症？"医生忍不住这么问他。
　　他说："书上说癌症的初期毫无症状，我正是如此啊！"

富兰克林·皮尔斯·亚当斯曾以失眠做比喻。他说:"失眠者睡不着,因为他们担心会失眠,而他们之所以担心,正因为他们不睡觉。"

马克·吐温晚年时感叹道:"我的一生大多在忧虑一些从未发生过的事,没有任何行为比无中生有的忧愁更愚蠢了。"

凡事别跟自己过不去,要知道,每个人都有这样或那样的缺陷,世界上没有完美的人。这样想,不是为自己开脱,而是保证心灵不会被挤压得支离破碎,永远保持对生活的美好认识和执著追求。

别跟自己过不去,是一种精神的解脱,它会促使我们从容走自己选择的路,做自己喜欢的事。

真的,假如我们不痛快,要善于原谅自己,这样心里就会少一点阴影。这既是对自己的爱护,也是对生命的珍惜。

有人问古希腊大学问家安提司泰尼:"你从哲学中获得了什么呢?"他回答说:"同自己谈话的能力。"

同自己谈话,就是发现自己,发现另一个更加真实的自己。

法国大文豪雨果曾经说过:"人生是由一连串无聊的符号组成的。"的确,我们生活中的大多数时光都在很普通的日子里度过,有时,看似很正常的生活,感受上却似走进生活的误区。有点儿浑噩,有点儿疲惫,有点儿茫然,有点儿怨恨,有点儿期盼,有点儿幻想,总之,就是被一些莫名其妙的情绪、感受占据了内心的思想、生活,而懒得去理清。

于是,我们总是在冥冥之中希望有一个天底下最了解自己的人,能够在大千世界中坐下来静静倾听自己心灵的诉说,能够在熙来攘往的人群中为我们开辟一方心灵的净土。可"万般心事付瑶琴,弦断有谁听"?

其实,我们不就是自己最好的知音吗?世界上还有谁,能比自己更了解自己的呢?还有谁能比自己更保守自己的秘密呢?当你烦躁、无聊的时候,不妨和自己对对话,让心灵退入自己的灵魂中,使自己与自己亲密接触,静下心来聆听来自心灵的声音,问问自己:我为何烦恼?为何不快?满意这样的生活吗?我的待人处世错在哪里?我是不是还要追求工作上的成就？生命如果这样走完，我会不会有遗憾？我让生活压垮或埋没了没有？人生至此，我得到了什么、失去了什么？我还想追求什么？……

这样，在自己的天地里，你可以慢慢修复自己受伤的尊严，可以毫无顾忌地"得意"，可以深刻地剖析自己。你还可以说服自己、感动自己、征服自己。有位作家说的一段话很有道理："自己把自己说服，是一种理智的胜利；自己被自己感动了，是一种心灵的升华；自己把自己征服了，是一种人生的成熟。"把自己说服了、感动了、征服了，人生还有什么样的挫折、痛苦、不幸不能被我们征服呢？

2.有些地方"马虎"一点

人生中，很多事，不知道的比知道的好，不灵便的比灵便的要好，不精明的比精明的要好。这就是人们常说的难得糊涂。其实，人生本来就是糊涂的，所有的快乐和幸福都藏在糊涂中，一旦清醒了，所有的快乐和幸福也就跟着烟消云散了。

有一架客机在大沙漠里不幸失事，只有11人得以幸存。在这11个人中，有大学教授、家庭主妇、政府官员、公司经理、部队军官……此外，还有一个叫彼得的傻子。

沙漠的白昼气温高达到了五六十摄氏度，如果不能及时找到水源，人很快会渴死。他们出发去找水源。先后三次欢呼狂叫着，冲向了水草丰茂的绿洲，可那个绿洲却无情地向后退却，退却，直至消失。原来都是海市蜃楼！

到了第二天的中午,当他们再一次被海市蜃楼愚弄后,所有人都倒下了,除了傻子彼得。他焦急地向别人问道:"那个水不就在这里吗?为什么又不见了呢?"

好心的家庭主妇告诉他:"傻彼得,你就认命吧!那只是海市蜃楼而已。"

彼得并不知道什么叫做海市蜃楼,他只是感觉到自己渴得厉害,他想要喝水,他吃力地攀上了前面一个50多米高的沙丘,突然兴奋得手舞足蹈,连滚带爬地下来,兴奋地嚷着:"水塘,一个水塘!"

对于这一次,没有一个人搭理他,包括那个善良的家庭主妇。

彼得什么也顾不上了,只是拔腿再次努力朝沙丘上爬,翻过了沙丘,吼叫着消失到了沙丘的另一边。

"可怜的傻子,他疯了!"大学教授嘟哝了一句。

二十多分钟后,当彼得刚冲到水塘旁,忽然狂风骤起,飞沙走石。彼得一跃跳进了水塘中。大风整整刮了一天一夜。

过了三天后,救援人员寻找到了他们,那十个人已经全死了。有的尸首已经被沙土掩埋了。只有水塘边的傻子彼得安然无恙,只是瘦了些。

救援人员把他带到遇难者身边,询问他怎么回事,这些人为何会死在了距离水塘不到一公里的地方。

目睹着伙伴们的惨状,彼得哭了。

他抽泣着说:"我和他们说了那边有个水塘,他们说那是海市蜃楼。我不懂什么是海市蜃楼,我只是想去那边喝水,我就拼命跑去了——真的,你们能告诉我什么是海市蜃楼吗?他们为什么这样恨海市蜃楼,宁肯被渴死,也不去喝海市蜃楼的水?"

傻傻的彼得瞪着他那双无知的、泪汪汪的双眼,虔诚地向救援人员请教着。他说,这个问题已经折磨他3天了。

面对此情景,所有的人都无言以对。

有两个落水者，一个视力极好，一个患有近视。两个落水者在宽阔的河面上挣扎着，很快就筋疲力尽了。突然，视力好的那位看到了前面不远处有一艘小船，正在向他们这边漂来。患有近视的那位也模模糊糊地看到了。于是，两人便鼓起勇气，奋力向小船划去。划着划着，视力好的那位便停了下来，因为他看清了，那不是一艘小船，而是一截枯朽的木头。但患有近视的人却并不知道那是一截木头，他还在奋力向前划着。当他终于划到目的地，并发现那竟然是一截枯朽的木头时，他已离岸不远了。视力好的那位就这样在水里丧失了生命，而患有近视的那位却获得了新生。

有两个患有癌症的病人。一个人耳朵灵便，从医生的谈话中听到他们只能活三个月时间了。于是，整天郁郁寡欢，结果还没到三个月就死了。另一个人的耳朵有些背，别说偷听医生的谈话，就是你跟他直接说，他还听不大清。奇怪的是，他不但活过了三个月，到现在已是两年过去了，他还好好地活着。

南怀瑾先生曾经说过："有些地方马虎一点。"这句话旨在向人们传达，凡事不要过于计较，否则会很容易就走进"死胡同"。不论做人还是做事，都稍微"糊涂"一点，很多困扰我们很久的难题就都会迎刃而解的。

俗话说："人非圣贤，孰能无过。"人与人之间想要和谐相处，就一定要相互谅解，相互宽容。对于很多事情没有必要过于较真，求大同存小异，有度量，有时，难得糊涂，也不失为一种洒脱的人生态度。但是，想要真正做到不较真、不计较，也并非一件易事，这需要人们拥有良好的品德修养，在遇到事情的时候能够设身处地地站在对方的立场上去考虑问题，多一些体谅，多一些宽容，多一点糊涂，人们的生活才会更加美好、融洽。

3.不要给心中那些计较的魔鬼机会

见过很多人,他们拥有金山般的财富,拥有他人无可企及的事业,可他们过得一点都不开心,因为在长期的计较中,他们早已忘记惊喜为何物,快乐为何物,幸福为何物了。

有个朋友,能力过人,如果他能再将心思花在自我的提升上,绝对能成为社会的栋梁之材。可惜她偏偏是个喜欢事事计较的主儿。

这位女士日日上班都愁苦着一张脸,她计较老板安排了她太多工作,让她无法得到跟其他同事一样的睡眠;她计较与人合作完成的项目,老板夸赞别人永远多于自己;她计较自己付出了那么多,月月得到的薪酬却比别人少;她计较同事生日总跟自己收份子钱,却不记得自己的生日。她甚至常常为这样的事纠结:为什么旁边的同事有好吃的却总是不给自己?为什么大家聊天,话题的主角永远是别人?为什么明明别人发出的奇怪声音,大家偏偏要往自己这边看?因为整日有这样的事发生,弄得她日日心情不爽。

这位女士还有一个最大的毛病,就是喜欢猜疑,小问题总被她放大百倍来分析。可是,她没想到,一钻牛角尖,就要"魔鬼"缠身了。比如朋友开玩笑说,"你女儿以后嫁给我儿子。"她便开始猜疑,以为对方诚心不让自己有儿子,是在诅咒,心里便不舒服起来。如果当时不说,以后必定会找个机会把这话还回去;还有,她帮助别人,下次等到自己有事,别人一定要主动伸援,一旦没有,她就非常不舒服,觉得对方是个忘恩负义的家伙,以致莫名其妙就对对方横眉冷对;再比如参加友人婚礼,自己送了多少礼金,她要记得清清楚楚,一旦别人还礼太少,她就要不舒服了,最终不找个机会把本吃回来,这事定会让她念叨一辈子。

因为凡事喜欢计较，同事们都不怎么喜欢她，老板也觉得她不大气，朋友们也不怎么愿意跟她来往。而日常生活中，她那爱计较的毛病，也让自己吃了不少苦头，与人发生口角争执，或大打出手都成了稀松平常的事情。

想想看，她整日因为计较生活在乌烟瘴气中，哪还有心情享受生活的美好，糟糕的心情倒是让她干什么都不顺心，看什么都不顺眼，痛苦反倒每日疯长。我们明明知道人生苦短，我们来这个世界不是来受苦的，我们有权利享受世界上一切美好事物。何不大度点、糊涂点、无所谓点，用肉眼，用心眼看那些值得我们看，能让我们快乐的事物，去忽略那些会让我们痛苦、郁闷，甚至抓狂的事呢！

少计较一点，自己会很轻松。别人或许不经意间就做了一件让自己很气愤的事情，你又怎么就认定他是目的不纯，居心不良？即便别人有意，何必因气愤让自己失去风度？倒不如大度的一笑了之，要知道，你的宽容，其实不是宽容别人，而是宽容自己。因为我们在解脱他人的同时，也释放了自己。

想来，你因为小商贩的一句刻薄话就与之大打出手，你无法打赢彪悍的他不说，还得自掏医药费，弄不好还有可能进派出所，最糟糕的是你的心情会被污染，你会在很长时间里对这事耿耿于怀，甚至终生记挂，彻底拿自己的快乐当陪葬。当然，某一天你也许会幡然醒悟，想着当初自己忍一忍，笑一笑，也许什么事儿都没有了，可此时醒悟又有何用？

我们总觉得别人的伤害是对自己的侮辱，以为不还击就是懦弱的表现。可是，冲动的背后藏着魔鬼，它会让你付出惨痛的代价。千万不要给心中那些计较的魔鬼机会，宽容大度的对待一切人和一切事吧，那才是你保护自己，捍卫自己的最佳武器。

4.争论是世界上最大的空耗

为什么有一些人总是喜欢争论？因为他们要表现自己的优越，要表现自己比别人强，说白了这就是一种虚荣。一般来说，争论的目的是想给自己争面子，但是真能如此吗？

不，争论是世界上最大的空耗，即使争赢了，也不能给自己挣来面子，有时甚至还会导致对方的怨恨。

你能确定你的观点和想法都是对的吗？如果不能，就不要自不量力与人争论不休。即便你确定自己是对的，也不要用争论去让别人接受你的观点，这并不能让别人口服心服，也不会给自己带来收获。

孔子说，己所不欲，勿施于人，所以当你的观点与别人的想法发生冲突的时候，还是先想一想争论是否有益于你的生活吧。

卡耐基在人际关系上就有过这样的失误。第二次世界大战刚结束的某一天晚上，他在伦敦参加一场宴会。宴席中，坐在他右边的一位先生讲了一段幽默故事，并引用了一句话，那位健谈的先生又说，他所引用的那句话出自《圣经》。

"他错了，"卡耐基回忆说，很肯定地知道出处。为了表现优越感，卡耐基纠正了他。那位先生的脸色很难看，他立刻反唇相讥："什么？出自莎士比亚？不可能！绝对不可能！那句话出自《圣经》。我确定如此。"两人各不相让，展开了激烈的争论。

最后，争论没有结果，卡耐基的朋友法兰克·葛孟坐在左边，他研究莎士比亚的著作已有多年，于是他俩都同意向他请教。葛孟听了，在桌下踢了卡耐基一下，然后说："戴尔，你错了，这位先生是对的。这句话出自《圣经》。"那位先生听了，瞄了一眼卡耐基，以示得意。

卡耐基非常恼火，他心想：葛孟不会不知道那句话出自哪里，却故意让我难堪。

那晚回家的路上，卡耐基没好气地问葛孟："法兰克，你明明知道那句话出自莎士比亚。"

"是的，当然。"他回答，"《哈姆雷特》第五幕第二场。可是亲爱的戴尔，我们是宴会上的客人。为什么要证明他错了？那样会使他喜欢你吗？为什么不给他面子？他并没问你的意见啊。他不需要你的意见。为什么要跟他抬杠？永远避免跟人家正面冲突。"

是啊，跟别人的冲突对我们有害无益，能避免还是避免的好。争论是与一个人的修养有关，当一个人的自我修养处于很高的境界和水平的时候，他绝不会再用争论的方式来解决问题。

"不许争吵"是佩恩·马儿特霍人寿保险公司为其代理人定下的规矩。他认为，同别人争论并不意味着就把别人说服了。说服人同与人争吵毫无相同之处。争吵对改变别人的看法不起任何作用。

我们可以确定，十之八九，争论的结果会使双方比以前更相信自己是绝对正确的。要是输了，当然你就输了；如果你赢了，还是输了。为什么？如果你的胜利，使对方的论点被攻击得千疮百孔，证明他一无是处，那又怎么样？你会觉得洋洋自得。但他呢？你使他自惭。你伤了他的自尊，他会怨恨你的胜利。而且是——"一个人即使口服，但心里并不服。"

本杰明·富兰克林说："如果您与人争论和提出异议，有时也可取胜，但这是毫无意义的胜利，因为您永远也不能争得您的对手对您的友善态度。"

你更想得到什么？不妨认真地思考一下，是想得到表面的胜利还是别人的同情？要知道，鱼和熊掌是不可兼得的。

在与别人争论的过程中，也许你的意见是正确的。但如果为改变一个人的看法，而与对方过分的争论，那么，你所做的努力只是无用功。

事实上,任何一个人,无论其修养程度如何,都不可能通过争论把对方说服。

佛祖说,不能以仇解仇,而应以爱消恨。争吵是不能把一些事情弄清楚的,它只能靠接触、和解的愿望和理解对方的真诚心愿,只有这些,才是解决问题的最好办法。

在争论时,少说一句,做出一些让步,就能风平浪静。俗话说"退一步海阔天空",主动退让息事宁人,以理智战胜冲动,很快就能把矛盾解决掉。当然,这种修养并不是天生的,而是后天修炼得来的。

5.乐于亏己,退一步进百步

做人是不能怕吃亏的,更不能损人不利己。做人的可贵之处,倒是乐于亏己,事实就是如此,自己主动吃点亏,往往能把棘手的事情做好,能把很难处理的问题顺利解决。

西汉时期,有一年过年前,皇帝一高兴,说下令赏赐给每个大臣一头羊。羊有大有小,有肥有瘦,在分羊时,一名负责分羊的大臣犯了难,不知怎么分才能让大家满意。正当他束手无策时,一名大臣从人群中走了出来,说:"这批羊很好分。"说完,他就牵了一只瘦羊,高高兴兴地回家。众大臣见了,也都纷纷仿效,不加挑剔地牵了一头羊就走,摆在大臣们面前的一道难题一下子就迎刃而解了。这名大臣既得到了众大臣尊敬,也得到了皇帝的器重。对于这名大臣来说,亏己不正是大利吗?

亏己者,能让人们觉得他有肚量而加以敬重。这样,亏己者的人际关系自然就比别人好。当他遇到困难时，别人也乐于向他伸出援救之手；当他干事业时，别人也肯给予支持，给予帮助。他的事业自然就容易获得成功。只要我们留心一下历史和身边的人，就不难发现，凡那些取得了巨大成就的人，尤其是那些有杰出成就的人，无一不是胸怀宽广又能亏己的人。相反，看看我们身边那些一生无所作为、无所建树的人，有哪一个不是心胸窄、爱计较、不肯亏己之辈？由此可见，亏己也是福。

在现实生活中，能够主动吃亏的人实在太少，这并不仅仅因为人性的弱点，很难拒绝摆在面前本来就该你拿的那一份，也不仅仅因为大多数人缺乏高瞻远瞩的战略眼光，不能舍眼前小利而争取长远大利。

和顺商店的刘老板经营有方，生意兴隆。有人问他："你的经营之道是啥？"他脱口回答："吃亏是福。"并且进一步作解释："我把顾客奉为上帝，宁愿少赚点钱，也决不让顾客吃亏。在我这儿买东西，百挑不厌，包退包修，上门服务，负责到底。这些都受到广大顾客的欢迎，上门购物的人自然就络绎不绝了。在一段时间内，在有的商品上，我少赚了，甚至吃了亏，但从长期看、总体看，我收到了很好的效益。所以我相信'吃亏是福'。"

吃亏是福，吃小亏占大便宜。世上有多少人为了自身的利益，为了不吃亏，少吃亏，或为了多占他人便宜而演出一幕幕你争我夺的人间闹剧。岂不知吃亏与占便宜，就像祸和福一样，可以相互依存和相互转化。

曾经有人说过这么一段极富哲理的发人深省的话："福祸俩字半边一样，半边不一样，就是说，两个字相互牵连着。所以说，凡遇好事的时候别张狂，张狂过了头后边就有祸事；凡遇到祸事的时候也别乱套，忍着受着，哪怕咬着牙也得忍着受着，忍过了，受过了，好事跟着就来了。"

张经理和一家酒店联系了一笔业务，该酒店要购买一套地毯清洗设备,价值6000多元。各项手续办好后,张经理把设备寄往兰州。但酒店收到设备后,称设备在运输途中损坏了,要求退货。张经理派人查看后得知,设备是在酒店组装时,操作不当而损坏的,维修费用约需700多元,酒店不愿承担才要求退货,公司没有任何责任,完全可以置之不理。但张经理表示,"吃点小亏"无所谓,维修费用由他来承担,并让人把设备修好,让客户满意。这件事后不久,该酒店要更新其他清洗设备,首先想到的就是与甘愿"吃亏"的张经理合作,一次性定了7万多元的货。张经理虽然在第一次合作时吃了小亏,却因此而换来了更大的合作项目,真是"吃小亏,占大便宜。"

可能有人会问,吃亏就是吃亏,占便宜就是占便宜,怎么能说吃亏反而是福呢?我们不妨换个角度来考虑这个问题:吃点亏,一是内心平静,不七上八下;二是得到旁观者的同情落个好人缘;三是这次虽吃点亏,但因获得了道义上的支持,下次可能会得到的更多,何亏之有?反之,占了他人的便宜,发点不义之财的人心理上能安稳吗?而且还会失去人缘,落个坏名声。因为占一次便宜而堵了自己以后的路,得不偿失。所以,吃亏表面上是祸,其实是福;占便宜表面上是福,其实是祸。

不怕吃亏的人一般平安无事,而且终究不会吃大亏,所谓善有善报。相反,总爱贪便宜的人最终贪不到真正的便宜,而且还会留下骂名,甚至因贪小便宜而毁灭自己,所谓恶有恶报。要做到不计较吃亏,甚至主动吃亏,就需要忍让,需要装糊涂。

一个人只要愿意吃小亏、敢于吃小亏,不去事事占便宜、讨好处,日后必有大"便宜"可得,也必成"正果"。相反,要想"占大便宜",则必须能够吃小亏,敢于吃小亏,这甚至可以说是一种规律。那种事事处处要占便宜的人、不愿吃亏的人,到头来反而会吃大亏。

6.才高者更要自敛

我们身边总是不缺自视清高的人，更不缺狂妄自大的人。他们自恃有才，就好为人师，目中无人，忘记了"山外有山，楼外有楼"的道理。有才华对一个人来说，是件好事，可是如果将此当成骄傲的资本，往往一事无成。

祢衡年少才高，目空一切。

建安初年，二十出头的他初到许昌。当时许昌是汉王朝的都城，名流云集，陈群、司马朗、荀彧、赵稚长等人都是当世名士。有人劝祢衡结交陈群、司马朗，祢衡说："我怎能跟杀猪、卖酒的在一起？"劝其参拜荀彧、赵稚长，他回答道："荀彧一副好相貌，如果吊丧，可借他的面孔用一下；赵某是酒囊饭袋，只好叫他看厨房了。"这位才子唯独与少府孔融、主簿杨修意气相投，他对人说："孔文举是我大儿，杨德祖是我小儿，其余碌碌之辈，不值一提。"由此可见他何等狂傲。

献帝初年，孔融上书荐举祢衡，大将军曹操有召见之意。祢衡看不起曹操，抱病不出，还口出不逊之言。曹操求才心切，为了收买人心，还是给他封了个击鼓的小吏，借以羞辱他。一天，曹操大宴宾客，命祢衡穿戴鼓吏衣帽当众击鼓为乐，祢衡竟在大庭广众之下脱光衣服，赤身露体，使宾主讨了个没趣。曹操恨祢衡入骨，但又不愿因杀他而坏了自己的名声。

曹操心想像祢衡这样狂妄的人，迟早会惹来杀身之祸，便把祢衡送给荆州的刘表。祢衡替刘表掌管文书，颇为卖力，但不久便因倨傲无礼而得罪众人。刘表也聪明，把他打发到江夏太守黄祖那里去。祢衡为黄祖掌书记，起初干得也不错。

后来黄祖在战船上设宴，祢衡说话无礼受到黄祖呵斥，祢衡竟顶嘴骂道:"死老头,你少啰嗦!"黄祖急性子,盛怒之下把他杀了。其时,祢衡仅26岁。祢衡文才颇高,桀骜不驯,本有一技之长,受人尊重。但是祢衡没有因为这一技之长而受惠于世。

他自恃一点文墨才气便轻看天下。殊不知,一介文人,在世上并非有甚不得了,赏则如宝,不赏则如敝屣,不足左右他人也。祢衡似乎不知道这些,他孤身居于权柄高握之虎狼群中,不知自保,反而放浪形骸,无端冲撞权势人物,最后因狂纵而被人杀害。

其实,一个人狂妄自大的程度并不取决于他有多少学问,而是取决于他的态度。也就是说,狂妄的人实际上也许并没有多少学问,往往是自吹自擂、夸夸其谈。他们所表现的高傲、不屑一顾等神态,实际上是一种心灵空虚的补充剂,以维持其虚荣心。

在一个风景优美、繁密茂盛的森林里,居住着许多动物,不但有狮子、老虎、狼、狐狸等食肉动物,还有蚊子、蜘蛛这样的小生命。

有一只蚊子,它每天都在想:"在这个王国中,狮子应该是百兽之王了吧,没有比它更有力更强大的动物了。只要我能把它打败,那么我将会成为森林大帝。"

经过一番认真的准备,这只蚊子终于向狮王宣战了。它扇动着翅膀飞到狮子面前,对狮子说:"狮子,我不怕你,你并不比我强大,不信,咱们较量较量。"

可惜蚊子的声音太弱小,狮子根本没听见,仍在那儿悠然地闭目养神。蚊子见了,气得火冒三丈,用尽吃奶的劲儿对狮子喊道:"你这只笨狮子,我们比试比试,看你有什么本事?是用爪子抓,还是用牙齿咬,我都比你强得多。"说着蚊子吹着喇叭鼓足了力气向狮子冲去。

狮子这下可慌了,觉得脸上奇痒无比,睁大了眼睛瞧,还是看不清蚊子进攻的方向。蚊子恶狠狠地向狮子的脸上咬去,它专咬狮子鼻子周围没有毛的地方。狮子左躲右闪，用力晃动着头，张开血盆大口猛扑向蚊子，只是蚊子小巧灵活，狮子的嘴巴总是咬空，气得它拼命挥动着爪子，一顿乱抓乱挠。尽管如此，狮子还是没有捉住蚊子。

蚊子高兴极了，向狮子威胁说："快认输，不然我咬死你。"狮子从来没受过这个罪，它怒吼着扑向蚊子，不过很遗憾，又失败了，气得狮子乱叫。蚊子趁势又朝狮子发动了进攻，叮得狮子用爪子把自己的脸都抓破了。没办法，狮子落荒而逃。

"我赢了！"蚊子得意地吹着胜利的喇叭，唱着欢乐的凯歌飞走了。它一边走一边喊："我战胜了狮子，我才是最了不起的，我要当森林之王。"蚊子得意忘形地飞着，完全忘了四周存在的危险。突然，它自己钻进了一个软软的东西中，身体被黏住了。它挣扎着，想要离开，但是越挣扎黏得越紧。这下蚊子清醒了，原来自己被蜘蛛网黏住了。

蜘蛛凶相毕露地向它爬来，蚊子完全被胜利冲昏了头脑，并没有意识到自己的险境，它大声地对蜘蛛说："蜘蛛，我刚刚打败了狮子，你快放了我，我不屑和你打仗。"蜘蛛听了冷笑道："蚊子，你别白费力气了，不管你曾经打败过谁，现在都是我的俘虏，吃掉你易如反掌，你将成为我的晚餐。"

蚊子最后叹息着说："我同最强大的动物都较量过，取得了辉煌的战果，没想到，却败在一只小小的蜘蛛手上。"

无论什么时候，都不要争强好胜，更不要狂妄自大。要知道，强中更有强中手。争强好胜、狂妄自大可能一时会得胜，但一定不会长久。这样的人，迟早会自食恶果。恃才傲物放在心中无关紧要，如果在言行上表现出来，就会招来诸多祸端。

7."好马"也要吃回头草

一个人在一系列不可抗拒的因素下，要想走有利于自己发展的道路，就要有长远的战略规划和发展目标。注意"长远"两个字，既然重在长远，就不能在意眼前，该退让的时候就退让。

有一则寓言故事，一匹精良的马从草原上经过，眼前全是绿油油的青草，它一边随便地吃几口，一边向前走。

它越走越远，而草越来越少，几天后，它已经接近沙漠的边缘了。它只要回头走就可以重新吃到美味的青草，但它坚持想："我是一匹精良的马，好马不吃回头草。"后来，在饥饿的折磨下，它倒在了沙漠中。

在古代，像这样有"骨气"的人，宁可被活活饿死也不屈服，的确是很伟大，但有时候，你并不能把"骨气"与"意气"划分得清楚。绝大多数人在面临该不该退让时，都把"意气"当成"骨气"，或用"骨气"来包装"意气"，明知"回头草"又鲜又嫩，却怎么也不肯回头去吃。

如果你不吃回头草就会饿死，吃"回头草"时又会碰到周围人对你的非议。因此你吃你的草，全然不要顾忌那么多，你只要认真诚恳地吃，填饱肚子，养肥自己就可以了！何况时间一久，别人也会忘记你是一匹吃回头草的马，甚至当你回头草吃得有成就时，别人还会佩服你：果然是一匹"好马"！

在面对残酷的现实时，饿死的"好马"就变成了"死马"，也就不是一匹"好马"了。

在生活中有很多这样的例子：

吴君因故被炒鱿鱼，一个星期后，老板要他回去，他愤然拒绝："好马不吃回头草！"

刘君被女朋友甩了，过了一段时间，女朋友回头向他认错，要求重归于好，刘君无情地说："好马不吃回头草！"

"好马不吃回头草！"这句话使很多人不知丧失了多少机会。绝大多数人在面临该不该回头时，往往意气用事，明知"回头草"又鲜又嫩，却怎么也不肯回头去吃，自以为这样才是有"志气"。其实，在面临回不回头的关卡时，你要考虑的不是面子问题和志气问题，而是现实问题。

比如，你现在有没有"草"可吃？如果有，这些"草"能不能吃饱？如果不能吃饱，或目前无"草"可吃，那么未来会不会有"草"可吃？还有，这"回头草"本身的"草色"如何？值不值得去吃？

很多人都会面临"吃"与"不吃"的选择。如果草不好，不吃也就罢了，可如果是棵好草，是不是回头再吃呢？刘备是匹"好马"吗？是的。可是他依然会三顾茅庐，成为千古美谈。

如果是"好马"就要敢于面对，敢于从头再来。是"好马"，必要的时候就要吃回头草，因为这个世界上好马很多而回头草很少。

郑庄公时，同父异母的共叔段要谋反篡位，庄公开始表现得无动于衷，但暗地里密切注视着共叔段的动向。当他确知共叔段已准备妥当之时，觉得已找到诛灭共叔段的合法借口，于是以迅雷不及掩耳之势，囚禁了武姜氏，并将共叔段诛灭。

由此可见，能够准确地识别时机的转换，是英雄创业的基本素质。鬼谷子在《逸文》中说："圣人之所以能永垂不朽，就是能把握时机的变化。"所以无论在行动上，还是计划上，如果不能顺应时代的变迁，讲求适应环境的策略，只是一味固守己见，绝对是要失败的。

萧何是刘邦的第一功臣，在汉高祖开创西汉王朝的大业中，萧何忠心地追随刘邦：在丰沛起义中首任沛丞，刘邦屈就汉王时任汉丞，西汉建国以后,任汉皇朝的丞相,并享有"带剑上殿,入朝不趋"的特权。

在近三年的反秦战争中,他赞襄帷幄,筹措军需,直到打下咸阳进入汉中。在四年之久的楚汉战争中,萧何在后方精心经营,保证了兵源和军需的充足供应。危难关头,他多次力挽狂澜,使刘邦绝处逢生。其中脍炙人口的故事有:"咸阳清收丞相府"、"力谏刘邦就汉王"、"收用巴蜀,还定三秦"、"月下追韩信"、"制定九章律"、"诱捕淮阴"……

萧何以其超人的智慧、胸襟和气魄为西汉王朝的创建和稳固建立了不朽的功勋。西汉建立以后,刘邦的江山渐渐稳定了,事过境迁,而萧何的功劳那么大,刘邦对他自然会猜忌和怀疑。

汉十二年初萧何看到长安周围人多地少,就请求刘邦把上林苑中的空闲土地交给无地或少地的农民耕种。本来利国利民的一件小事,不料使刘邦龙颜大怒,以受人钱财为由,将萧何关进大牢。困惑莫名的老丞相,出了监牢,才明白自己犯了"自媚于民"的错误。

淮南王英布造反,刘邦御驾亲征,萧何留守京城。战争中,刘邦不断派使者回来,回来一次就一定要去见萧何,问候萧何。萧何的幕僚警告他:"君灭族不远矣。"萧何一听此言,如五雷轰顶,方明白自己已有了功高盖主之嫌,再继续做收揽民心的事情就必然引起皇帝的疑心,招来杀身之祸。

于是他就利用权势以极低的价格强买民田民宅,激起民怨。终于使刘邦将他看做为子孙谋利、胸无大志的人物。刘邦回到京城,收到了一大堆平民百姓告萧何的状子,然后对萧何放心了许多。

古人说"识时务者为俊杰",自古雄才大略之人皆能顺应时势而成大事,永远走在时代的前面。兵法说,战法应该"与时迁移,随物变化",这也就是"造势"的奥妙所在。其实,掌握时机永远是政治家的智慧体现。在什么时候实施自己的计划,什么时候又欲擒故纵,这些都是智慧。有时,等待的结果是养虎为患,而有时,等待则是成功的重要保证。

测试：你是个多疑的人吗？

1.你对人容易生疑心吗？

　　A.是　　B.否

2.你认为每个人都是有目的的吗？

　　A.是　　B.否

3.你怀疑许多人逃税吗？

　　A.是　　B.否

4.如果事先知道谎言不会被识破，你怀疑很多人都会欺骗别人吗？

　　A.是　　B.否

5.你很难信任别人吗？

　　A.是　　B.否

6.你不喜欢借东西给别人，因为你怀疑对方不会还吗？

　　A.是　　B.否

7.你会把日记本放在桌上吗？

　　A.是　　B.否

8.你经常查对银行账单吗？

　　A.是　　B.否

9.付完账以后，你会数数找回的零钱吗？

　　A.是　　B.否

10.你不会将皮包放在自己看不到的地方吗？

　　A.是　　B.否

11.你相信别人随时都可能骗你吗？

　　A.是　　B.否

12.一时找不到东西,你会怀疑被偷了吗?

　　A.是　　B.否

13.在陌生的城市问路,你会问两个以上才确定吗?

　　A.是　　B.否

14.如果对方临时取消约会,你会怀疑他的动机吗?

　　A.是　　B.否

15.你认为人基本上都诚实吗?

　　A.是　　B.否

选A得0分,B得1分。

测试结果:

0～4分

评价:你是一个非常多疑的人。这样情况很危险,严重的话,可能会有偏执狂倾向。

5～9分

评价:你本来是很信任别人的,然而经验告诉你,这个世界上仍有许多不诚实者存在,所以你的信任中往往带有怀疑的成分。

10～15分

评价:你是个非常信任别人的人。你认为人基本上都是可靠的。当然你可能因此会常常失望。有些人甚至会利用你这种天性而故意欺骗你,不过像你这样的人通常会活得比较快乐些。

第五章

 有一种境界叫放下，
有一种心态叫舍得

—————————— ● ——————————

1.放不下，就什么也得不到

　　这个社会是很现实无情的，它不会由于某种原因而眷顾人们，相反却会"设置"许多障碍来"逼迫"人们，逼迫人们交出权力，放走机遇，抛弃真情。倘若不这么做，那么生活就很难继续下去。所以，学会放弃，才能成为真正的强者。法国哲学家、思想家蒙田说过一句话：今天的放弃，正是为了明天的得到。是的，放弃并不意味永远地失去，它只是为了以后铺路。只有放下，才能得到更多。执著是强者的姿态，但放弃才是智者的潇洒，很多时候，执着往往带来伤害，而放弃却可以绽放另一种美丽！

　　"拿得起，放得下"是生活的真谛，"拿得起"是一种选择，"放得下"则是一种更高境界的选择，很多人终其一生都无法参悟其中的道理。事实也证明,成功总是青睐于那些懂得适时放弃的人。

有一天,老和尚带小和尚下山,在经过一条大河时,他们碰到了一位姑娘,她好像因河水湍急而不敢过河。小和尚见状,低下头合掌念"南无阿弥陀佛",而老和尚则背姑娘趟过了河,然后放下姑娘,继续赶路。

小和尚满脸疑惑,一路嘀咕着,走了许久,他终于忍不住问:"师父,你犯戒了! 我们不是不能近女色吗?"老和尚听了叹道:"我都已经放下了,你怎么还没'放下'呢!"

其实,在现实中有很多人像小和尚一样,既拿不起也放不下,也或者是不懂得该如何拿起,又该如何放下。"拿得起"要求我们有足够的实力,在机遇到来时能够成功应付,"放得下"则要求我们在面临困难时,不气馁堕落,甘于一时的平庸,能屈能伸彰显豪迈。就像老和尚一样。

是的,人总要拿得起,放得下。生命的过程,就是一个不断拿起和放下的过程,每个人都需要拿起一些东西,放下一些东西,拿起也许仅仅需要一些蛮力或一股激情,但放下却有太多的不甘、不舍、无助和无奈。其实每个人心里都知道自己真正应该拿起什么,应该放下什么,可偏偏很多人在拿起和放下之间徘徊不前,犹豫不决,战战兢兢,如履薄冰,最终既没有拿起该拿的,也没有放下该放的。

拿得起是一种令人敬佩的勇气,而放得下则是一种难能可贵的超脱;拿得起是博大精深的智慧,放得下是意味深远的哲学;拿得起是一种挑战,放得下则是一种安慰。

为什么有些人活得轻松自如? 有些人前进的脚步越来越沉重? 因为前者懂得放下,他知道什么才是自己最需要的,而后者得到一样东西便死死抓住,绝不罢手,肩上的包袱越来越多,脚步自然会越来越沉。能成大事者懂得如何放弃,只有学会放弃,才能轻装上阵,摆脱无畏的纠缠。更重要的是,放弃可以让一个人变得胸襟开阔,从而赢得众人的尊重和信任。不过在实际行动中，"拿得起"很容易，"放得下"就难了。

一场战争过后，大街上硝烟弥漫，此时军队已经撤走。一位商人和一位农夫来到了街上，企图能够找到一些值钱的东西。他们惊喜地发现了一大堆还没有被烧焦的羊毛，于是两个人便各自分了一半捆在背上。

在回去的途中，他们又发现一些布匹。农夫想了想，就将自己身上背的羊毛通通扔掉，选了一些扛得动的上好布匹。可是商人却十分贪婪，他不仅舍不得丢下自己的羊毛，还将农夫丢下的羊毛和剩余的布匹统统捡起来。毫无疑问，这些东西压得商人气喘吁吁，而农夫则显得十分轻松。

一段路途过后，他们又看到了一些银质的餐具。农夫又将身上的布匹都扔掉，捡了一些较好的银具背上。此时的商人早已累得直不起腰来，他也很想再拿一些银器，可又舍不得已经到手的布匹和羊毛，只好作罢。此时，天空突然下起了大雨，商人身上的羊毛和布匹被雨淋湿后，变得更加沉重，令商人不堪重负，最后摔倒在泥泞当中。而农夫满心欢喜地回到了家，将银器变卖，过上了富足的生活。

商人和农夫之所以有不同的结局，就是因为商人只懂得拿起，却不懂得放弃，而农夫显然是这方面的高手，他知道如果不放弃就不能得到更好的。其实，他们这一路的过程不就和人生路一样吗？一路走来，我们需要面对的诱惑实在是太多了，假如我们样样都想要，日子就会过得十分狼狈。当你背负了过多的行囊时，便违背了生命最初的意义。相反，若是该放下的时候就放下，就会轻松快乐地过一生。

千百年来，人们总是在嘲笑那些死死地抓住一些东西不放的人，可是自己又何尝不是在扮演这样一种角色呢？其实，人生并非只有一种风景，当你失意的时候，或许别处的风景会更加吸引人。固然，坚守之前的道路并无过错，但你总要试着为自己开辟更多的道路。放下从前，才能开始现在,不是吗?

执著于该执著的,放弃那该放弃的,这无疑是人生当中的一件幸事。贪图小便宜,终究是要吃大亏的。所以,学会放下吧! 放下无谓的名利之争,放下难言的屈辱经历,放下对夕阳的留恋,放下对春光的感怀……倘若什么都不愿意放弃,你便什么也得不到。

2.山不过来,"我"就过去

每个人的生活都不是一帆风顺的, 时时刻刻都可能会面临许多困难。其中的一些困难,也许我们做稍许的努力便可以过关斩将,可是有些困难,却并非如此。当然,我们不能够被困难打败,但我们却可以去适应困难。当你发现自己可以将困难掌控自如时,那么困难也就不再是困难了。

人的一生就像是长途跋涉的旅途,谁没有经历过坎坷? 谁没有遭遇过困苦? 又有谁没有面临过挫折。当残酷的环境摆在你面前时,你需要做的不是和它硬碰硬,而是想办法改变自己,从而使磨难看起来不足为道。

有位大师对外人宣称,自己经过几十年的修炼后,已经学会了一套"移山大法"。这个消息传出去之后,很多人都慕名前来拜访学艺,希望可以目睹这一天下"奇观",更希望自己也能练就这般"奇术"。可是几年过后,徒弟们既没有从他那里得到一句移山的口诀,也未能目睹大师的移山绝技,都十分失望。

有一次,大师领着他的弟子们来到山谷中讲道,他告诉徒弟们:信心是成就任何事情的关键,只要有信心,就没有什么不能做成的。他的一个弟子问道："既然如此，那么师父您有信心将对面的那座山移过来吗？也好让弟子们开阔一下眼界。"

大师说："好吧，今天为师就教你们移山大法。"只见他盘坐在大山面前，大声地说道："山，你过来！"大家都聚精会神地望着那座山，可是大山却纹丝不动，这时大师站起来跑到山的旁边，说道："既然山不过来，那我们就过去吧。"

此时，众弟子都在笑师父，可是大师却说道："这个世界上根本没有移山大法，能移的只是我们的心而已。"听了此话，众徒弟方如梦初醒。

是的，既然山不过来，那我们就过去吧！这句话看似平凡，却能够帮助人们化解许多冲突和困难。当用另外一种方法也可以达到目的时，又何苦执着于前一种无畏的努力呢！

虽然人们经常说"有志者，事竟成"，但事实上想要到达成功的彼岸，仅有意志力还是不够的。很多事情，即使你想到了也未必能够做到。就像故事中的大山一样，我们是不可能将它移动的，我们能做的就是自己走过去。倘若人人都抱着"你不过来，我也不会过去"的心态，那我们岂不是要错过许多风景？

在这个世界上，像这样的"大山"实在是太多了，我们没有能力移动它，至少是暂时没能力移动它，因此只能从自身开始改变。假如别人不喜欢自己，那么请不要去强迫别人喜欢，只有把自己变得更加完美，才能得到他们的青睐；如果不能说服别人，那么请不要去埋怨对方的固执己见，只有把自己的口才发挥地更好一些，才能够得到他们的认可；如果顾客对产品不满意，那么请不要责任顾客过于挑剔，将自己的产品再进行完善一下，才能得到他们的承认。

当你采用一种方式不能再改变什么的时候，那么不妨去学着适应，很多时候，当你试着将自己融入进去时，反而能够产生意想不到的潜力。在现实生活中，"山不过来，我就过去"的人生态度，是一种理智和聪慧的表现,更是一种难能可贵的人生姿态。

有一位从事摄影工作的摄影师,每年都会给很多人照相,可是关于照相他却始终有一个心结,那就是每次照多人合影时,洗出来的照片上总会有人闭着眼睛。其实他已经尽量地在避免这个问题了,为了强调大家一致,他每次照之前都会高声喊道:"大家请注意,我现在喊一、二、三,当我喊到三的时候会按快门,大家千万不要闭眼睛。"可是尽管如此,每次照片还是会有人闭眼。这些人看到照片自然会很不高兴,有些人还埋怨:"为什么单是我闭眼的那个时候,你按快门啊?你这不是存心要我出洋相吗?"

后来,摄影师终于想出了一个绝妙的办法,于是在拍照时换了一个方法:先是请所有拍照的人都闭上眼睛,听他喊"一、二、三",当喊到三的时候再一齐睁开眼睛。果然,这样照出来的效果很好,大家都睁着眼睛,显得神采奕奕,皆大欢喜。

生活中这样的事情还有很多,既然有些事情是不以人的意志为转移的,那么我们就不妨试着从自身来改变一下,只有这样,人生才会丰富多彩。明白了这个道理,那么人生便达到了一种高的境界。

"山不过来,我就过去",可见一个人的豁达和睿智。当然,改变自己不是要你放弃自己的原则,而是让自己有更多的平台、更多的机会来实现自己的理想。改变自己不是妥协,是一种以退为进的明智选择。就好比要到达一个目标,多数情况下,直接走是行不通的,得绕个弯子迂回一下。要知道,机会不是别人给的,而是自己创造出来的。

世界上本无移山之术,就像是成功并没有捷径一样,惟一能够移动的是我们的心。命运是掌握在自己手里,而不是在别人的手里。如果所面对的环境无法改变,那我们就先改变自己,只有改变自己,才会最终改变别人。如果改变不了环境,就应该学会去适应,并在适应环境过程中激发自己的能力,改造环境,获得快乐。

3.舍得小利，才能赢得未来

《易经》中有句话："动则得咎。"意思是说，只要你选择去做事情，就一定会有得失。既是如此，那么我们就不应该对于"失去"过分伤感，尤其是一些眼前的蝇头小利，更应该看开一些。舍得小利，才能赢得未来。

很久以前，有一个南昌人住在京城里，做国子监的助教。有一天，他外出经过延寿街，恰巧看到一个年轻人要买《吕氏春秋》那本书，讲好价钱后，年轻人掏出钱开始点，不小心掉了一枚铜钱，不过他并没有察觉。于是，这个南昌人便装作若无其事地走过去，用脚踩住那枚桐钱。等年轻人买完书离开后，他就弯下腰将钱捡了起来。这一幕被旁边的一位老人看了个清清楚楚，他站起来询问此人的名字，这个人便如实回答，之后老人便走了。南昌人怎么也想不到，原来这个人是江苏巡抚。

后来，这个南昌人以舍生的名义进到了誊录馆，求见选官，终于得到了一个江苏常熟县尉的职位。上任之后他一直想见巡抚，可是都不得见，后来才知道原来自己的名字早已经被列入检举弹劾的公文里了。这人十分不解，不明白为什么会被弹劾，人家对他说是因为贪污。他心想：自己还没有正式上任呢，怎么会有贪污之说呢？一定是搞错了。他想进去当面解释一下，巡捕便将此事禀报了上去，不一会儿，巡抚就出来了，问年轻人："难道你不记得当年在书铺里的事了吗？那个时候的你对一文钱都要贪。现在你当上了官，那还不得把手伸进别人的口袋里直接偷呀？还是请你马上解下大印走吧！"这人这才明白，原来幕后的那位"高人"就是当年问自己姓名的老人，他后悔不已。

这个年轻人因为一文钱而断送了自己的官途，实在令人感到可惜，这个故事也向人们说明了一个道理:要忍一时的失,才能有长久的得,要能忍小失,才能有大的收获。大量事实也证明,在小利面前如果贪心过剩,往往就会被牵着鼻子走。俗话说得好:"舍去世俗三分利,得来冰心一片清。"小鸟若不是放弃了温暖舒适的巢穴,又怎会拥有壮阔蔚蓝的天空;鱼儿若不是放弃了涓涓细流的小溪,怎能见识大海的深沉及波浪。同样,人类若是舍不得眼前的小利,便不能拥有辉煌的未来。

将眼光放得更加长远一些,是一个成功人士所必须具备的素质。倘若你能看到每一次失去的背后都会有更大的机遇在等着你,那么你就不会因为舍掉眼前的利益而心痛不已。从某种程度上来说,舍小利也是一种投资,大的利益往往都是从舍小利开始的。

凡事应该从大局着想,为整体利益暂时放弃一些局部利益。诚然,抓住眼前的小利能够让人欢愉一时,但很多人都没有想过:试图处处得利,一定会让自己处处被动,造成整体失利的结果,受害的终归还是自己。

子曰:"无欲速,无见小利。欲速,则不达;见小利,则大事不成。"只要生命中有着远大的目标和切实的计划,纵然遥不可及,但它仍是人生的大事,会产生一股催人奋进的动力和勇气,促使你朝着远大的目标心无旁骛地勇往直前。若盯着蝇头小利,只会捡了芝麻,丢了西瓜,做生意、做事情、做人,都是如此。凡事从大处着眼,只盯着鼻子前面这点小利,没有远见,最终会因小失大,成不了气候。

陶渊明舍得五斗米辞官,才能拥有"采菊东篱下,悠然见南山"的自得;比尔·盖茨舍得哈佛大学的一纸文凭,才创造了今天微软的财富神话……如果他们只着眼于眼前的小利,怎么会有以后的成就呢?一个成功的人生,必须要看透"舍"与"得"之间的关系,拥有的时候或许我们正在失去,而舍掉的时候或许我们也正在获得。安于一份放弃,固守一份超脱,这才是至高的境界及智慧。

4.先退一步,再往前跳

很多时候,退让一步,对我们来说并没有什么多大的损失,但是,结果却往往令人惊喜,我们不仅赢得了更广阔的天空,还赢得了快速前行的心情。退一步海阔天空,其实,退一步再往前跳更是一种睿智。

遇到问题,我们不要着急,冷静冷静,先退一步。因为,退一步并没有影响前进,而且还给了以后的前进更多的回旋余地和思虑时间。减少盲目,走得从容,何尝不是一件好事?

忍一时风平浪静,退一步海阔天空。生活中,难免出现争执和不和谐的音符,但是,只要我们懂得退让的道理,就可以减少这种无谓的争辩和喧嚣,即使明知我们自己是正确的,即使明知别人是在挑刺,即使明知别人在不懂装懂。因为,退一步,你可以走得更快更远,你可以跳得更顺利更开心。

意大利艺术家米开朗基罗一生做出无数的著名作品,其中大理石雕像大卫更是让其享誉全球。可是,米开朗基罗在雕刻大卫的时候却还遭到过上级的"指导"。一天,当米开朗基罗在雕刻大卫的时候,主管的官员前往视察,结果对大卫非常不满意。米开朗基罗询问:"有什么地方不对吗?"主管的官员说:"鼻子太大了。"可是,在米开朗基罗的眼中,大卫的鼻子就应该是这个样子的。但是他并没有讲出来,而是装作审视的样子,认真地看了看大卫,然后大叫:"可不是吗?鼻子是大了点,我马上改。"说着就拿起凿刀等工具爬上了雕刻架子,叮叮当当地"修改"起来。不一会儿,地上就掉下了好多大理石粉,撒得官员也不得不躲开。然后,他爬下架子说:"您看,现在可以了吧?"官员再次检查后,非常高兴地说:"是啊!好极了!这样才对啊!"然后很满意地离开了。其实,米开朗基罗什么也没有修改,大卫还是原来的大卫,大卫的鼻子也还是原来的鼻子。聪明的他懂得退一步的道理,只是偷偷抓了一些大理石和石粉,在架子上做做样子,仅此而已。然而主管官员却以为米开朗基罗已经按照自己的意思进行了修改。

米开朗基罗并没有因为坚持自己的意见而选择跟主管官员大吵一架,或者争论一番,更没有做无谓的辩论,因为他知道与上级理论,吃亏的只有自己。退一步,让米开朗基罗往前"跳"得更远、更快、更开心。试想,如果米开朗基罗不懂得适时后退,那么他的大卫很可能没有办法顺利完工,或者延期,或者损毁,或者永远也无法再按照自己的意愿完成。

现实生活中,我们无时无刻不在面对这样的问题,比如说上司当众批评了我们,但是上司是错误的;对方无法理解我们的意思,纵使我们的表达非常清晰;领导否决了我们的方案,而且很可能领导只是在按照自己的审美判断等,可是我们不可以愤怒地进行反抗,因为当众应该给上司留足威信及面子;我们也不能直接埋怨对方思维有问题,因为这对你与对方的交流沟通毫无意义;我们还不能指责领导的水平,因为领导毕竟有比自己强的地方,更何况他所站的位置攸关全局。

5.剥弃世俗外衣,舍弃功名利禄

古人云:"功名乃瓦上之霜,利禄如花尖之露。"假如人人都以平和的心态对待功名与利禄,舍去贪婪与名利等一切是是非非,才会做到无忧无虑、清静自如,才会脚踏实地地做人。

政论家邹韬奋曾经说过:"一个人光溜溜地到这个世界来,最后光溜溜地离开这个世界而去,彻底想起来,名利都是身外之物,只有尽一个人的心力,使社会上的人更多得到他工作的裨益,才是人生最愉快的事情。"的确如此。人生在世,如果只是为了追求功名利禄而使自己整日陷入匆匆忙忙之中,即使你付出多大努力,成功永远都会远离你。而最为明智的选择就是卸下重担,放下包袱,不为名利所累,以学以致用为首。

毋庸讳言,重名爱利是人们的常态心理之一。在物欲横流、精神匮乏的时代,每个人都想在不断忙碌中有所收获,而金钱、地位、名誉仿佛已成为其收获的代名词。然而,在遭遇许许多多潮流袭来之时,能够力戒浮躁,力戒随波逐流,力戒张扬,最后得到的又有多少呢? 那些不为名利所累的人,往往都是名利双收的成功人士,而图名利的人最终都是身败名裂,沉溺于名利。在现实生活中,不计其数的人们整日为名利所苦苦奔波,却在无形中忽视了学以致用。

《庄子·秋水》中有这样一则故事:一天,阳光明媚,庄子坐在水边钓鱼。正在这时,楚王派来的两个大夫向他走来,他们奉命前来邀请庄子到楚国负责政务。见到庄子,他们说道:"楚王有请,希望你到楚国负责政务。"只见,庄子手里握着鱼竿,静静地坐在那里,仿佛没有听到他们说什么似的。在大臣们一而再再而三的苦苦衷求下,庄子却不屑一顾地对其说道:"听说楚国有一种神龟,它可以运用于占卜,已经死去三年了,楚王下令使人用昂贵的布帛裹盖着庄重地供奉在宗庙里。你们说,这只龟是宁愿死了留下骨头以此尊贵呢,还是宁愿在污泥中拖着尾巴孤独逍遥地继续生存呢?"

"当然是拖着尾巴在泥塘中悠然自得地生存啊!"两个大夫不假思索地回答道。这时,庄子意味深长地说道:"那你们就请回吧,我宁可像鬼那样在污泥中拖着尾巴地活着,也不愿在死后留着枯骨使人感到很尊贵。"

庄子之所以成为后人仰慕的哲学家、思想家、文学家,与他的淡泊名利分不开。培根所说:"有人好像在知识中求得一个躺椅,以便休息自己那种向外追求志忑不安的神情……或是求得一个商店,好来奇货可居,市利百倍……这种心理很能妨碍知识的发展。"所以,有成就的科学家,文学艺术家和成功人士,大凡是"心高志洁,智深虑广,轻荣重义"的。

人生最大的满足是认识自己并不断超越自己。认识自己,并不是一件轻而易举的事情;超越自己,更是一种弥足珍贵的能力,自我满足往往比他人的评价更为重要。或许,当别人由于金钱、地位而趾高气扬时,你也会感到自卑,感到失落。然而,当静下心来认真思考时,猛然间你不禁会觉得这一切均是身外之物。人生在世,趋利避害,追名逐利本是人之常情,但也应顺其自然、适可而止。倘若任由名利的欲念肆意疯长,势必将被名缰利锁深深束缚;倘若不择手段地争名夺利,就会落一个身败名裂的可耻下场。朱熹曾经说过:"凡名利之地,退一步便安稳,只管向前便危险。"也就是说,莫以成败论英雄,莫以名利论成功。只有淡泊,才能明志;只有宁静,才能致远;只有剥夺世俗的外衣,才能播种成功的心田。

6.命运不会注定,好运可以选择

早在公元前一世纪,希腊斯多葛派大师埃皮克提图(Epictetus)就已经给了我们这样的建议:"无论偶然何时降临,记得问自己,如何才能让它发挥效用。"他所说的"偶然",大概等同于我们口中玄而又玄的"命运"。

是的,我们的一生充满了太多自己难以把握的偶然性,从自己出生的时间、地点就已经开始了。终其一生,我们都必定要受到外在世界一些不确定性因素的影响,而我们的命运将注定是不确定的。正是这种不确定性,使得生活并不能总是如我们所愿,但它同时也决定了没有所谓

"注定的命运"。一切都在偶然中发展，前面的环节影响着后面的每一个步骤。

那么，既然"不确定的命运"是人生的真相之一，也是我们必须面对的事实，我们需要做的就是如何适应这个充满不确定性的环境，进而成为胜利者。我们要学会如何远离危险；当机会出现的时候，明白如何识别；也要懂得如何争取别人的支持。如果能做到这些，毫无疑问，你就是众人眼中"好运相随"的幸运儿。但事实上，好运如影随形并非因为你真的备受上天眷顾，而是你能做出正确的选择，于是，最终你选择了好运。

做出正确的选择又谈何容易呢？现在，假如给你两个选择：其一，今天一次性给你100万元；其二，今天给你1元，连续30天每天给你前一天2倍的钱。你会选哪一个？大概很多人都会毫不犹豫地选择第一种，那他只能拿到100万元，而后一种选择的人却能在第30天拿到超过5亿元！只是一个非常简单的选择，但会选择的人与不会选择的人得到的结果却天差地远。

这只是一个简单的例子，其中却蕴含着非常深刻的道理。为什么会有人毫不犹豫选择第一种方案呢？因为面对选择，他们其实根本没有想清楚，于是做出了自以为是的错误决定。如果拿这个选择来比喻人生的话，我们太多人愿意选择眼前的财富和幸福，而忽视那些需要等待的收获和甜美，难道不是吗？很多人不肯在今天用功，因为太辛苦，而且是否能成功还是个未知数，还不如选择享受今天的安逸生活。既然已经选择了得过且过，那么又怎么能希望明天好运就降临到你头上呢？

有这样一位女士，她出生在20世纪40年代末，随着新中国一起成长。她跟众多同龄人一样，是没有办法自己选择职业生涯的，她的每一步都是组织上安排好的，自己没有什么自主权。但这位女士跟别人不一样的地方是：在每一个岗位上，她也有自己的选择——那就是要比别人做得更好。

那是1968年，"文化大革命"开始不久，这位女士成了北京外交学院的一名工农兵学员。当时她年纪最大，水平最差，第一堂课就因为回答不出问题站了一节课。第二天，教室里挂出一条"不让一个阶级兄弟掉队"的横幅，她就是这个"阶级兄弟"。但等到毕业的时候，她已经成为全年级最好学生。命运似乎开始眷顾她，由于成绩优秀，因此她被分到了英国大使馆，但实际情况没那么美好，因为她的具体工作是一个接线员。

我们都知道接线员的工作性质。这位女士的很多同学都觉着那是一份没出息的工作，替她打抱不平。但她不这么想，她把这份普通的工作做得成绩斐然。她把使馆所有人的名字、电话、工作范围甚至连他们的家属名都背得滚瓜烂熟。有些电话进来，有事不知道该找谁，她就会多问问，尽快帮忙准确找到人。慢慢地使馆人员有事外出，并不是告诉他们的翻译，而是给她打电话，告诉她会有谁来电话，转到哪儿，有很多私事也委托她通知，这位女士成了整个大使馆全面负责的留言点儿、"大秘书"。以至有一天，大使竟然跑到总机房，笑眯眯地表扬她——这是破天荒的事。结果，没多久，她就因工作出色而被破格调去给英国某大报记者做了翻译。

该报的首席记者是个名气颇大的老太太，得过战地勋章，被授过勋爵，本事大，脾气也大，把前任翻译给赶跑了。刚开始也不要这位女士，因为看不上她的资历，后来勉强同意试一试。一年后，老太太经常对别人说："我的翻译比你的好上10倍。"不久，这位女士又因为工作出色，被破例调到美国驻华联络处，她干得同样出色，不断获得外交部表彰。这位女士就是任小萍，曾任北京外交学院副院长。

如果你生在那个年代，也被安排做接线员，你的命运会是怎样呢？那些抱怨自己因为生活压力不得不守着一份不喜欢的工作的人们，真的应该读一读这个故事。一个人无法选择工作时，至少有一样可以选择：那就是好好干，而不是得过且过。在同一个工作岗位上，有的人勤恳敬业，付出得多，收获也多；有的人整天想调好工作，而不做好眼前的事。其实，你的选择也决定了将来的被选择，而这种被选择，往往就是"好运"的代名词。

7.把手里的每张牌都打好

在人生的道路上，一个人的选择可以决定其命运。人生的道路是曲折不平的，当你面临大大小小的选择时，所做的抉择就决定了你的人生轨迹。因此，你必须认清自己的方向和目标，以便做出正确的选择。

其实，人的一生要做出很多选择。如入学、找工作、交友、婚恋等等，都要进行选择。选择与放弃，是相辅相成的，选择就意味着放弃，放弃同时也意味着选择。比如，选择了清华，就意味着放弃了北大。选择到图书馆看书，就意味着放弃了在其他地方玩耍或做其他的事。每个人的时间和精力都是有限的，这就要求你必须做出一些选择。

选择，要做的是学会控制自我。在生活中，有太多太多插着鲜花的陷阱，面对这些诱惑或者威胁，只有把握住自己，才能做出正确的选择。纵观历史长河，有多少千古遗恨都是因为一时无法自控。生活的不如意是客观存在的事实，每个人都无法改变，至少暂时无法改变，但你可以选择，选择光明的世界，选择美好的人性。毕竟，生活的选择权掌握在自己的手上。

艾森豪威尔年轻时，经常和家人一起玩纸牌游戏。一天晚饭后，他像往常一样和家人打牌。这一次,他的运气特别不好,每次抓到的都是很差的牌。开始时他只是有些抱怨,后来,他实在是忍无可忍,便发起了少爷脾气。一旁的母亲看不下去了,正色道:"既然要打牌,你就只能用你手中的牌打下去,不管牌是好是坏。要知道,好运气不可能永远光顾于你!"

艾森豪威尔听不进去,依然愤愤不平。母亲见他依旧气呼呼的样子,就心平气和地告诉他:"其实,人生就和打牌一样,发牌的是上帝,不管你手里的牌是好是坏,你都必须拿着,你都必须面对。你能做的,就是让浮躁的心情平静下来,然后认真对待,把自己的牌打好,力争达到最好的效果。这样打牌,这样对待人生才有意义!"

母亲的话有如当头一棒,令艾森豪威尔在突然之间对人生有了直观的感悟。此后,他一直牢记母亲的话,并以此激励自己去努力进取、积极向上。就这样,他一步一个脚印地向前迈进,成为中校、盟军统帅,最后登上了美国总统之位。

印度前总统尼赫鲁曾经说过这样一句话:"生活就像是玩扑克,发到手里的是什么牌是定了的,但你的打法却完全取决于自己的意志。"没错,上帝发牌是随机的,发到你手里的会有好有坏,分到什么就是什么,没有任何选择的余地和更换的可能性。当你拿到不好的牌时,请不要一味地抱怨,因为这对于你没有半点用处,现状也不会因为你的抱怨而有所改变。但你能够做的,或者说应该做的,就是如何调整自己的恶劣心情,将自己手中并不算好甚至还有点糟糕的牌优化组合,并力求把每张牌都打好。

提起潘石屹和他的现代城、长城脚下的公社,几乎无人不知,无人不晓:但是潘石屹的成功也不是从天上掉下来的。

1981年,潘石屹从北京培黎学校毕业,以第一名的优异成绩被石油学院录取。1984年潘石屹毕业后被分派到河北廊坊石油部管道局经济改革研究室工作。在那里,他的聪明和对数字天生的敏感博得了领导的赏识,并被确定为"第三梯队"。

有一次,办公室新分配来一位女大学生,她对分配给自己的桌椅十分挑剔。当潘石屹劝她凑合着用时,对方非常认真地说:"小潘,你知道吗?这套桌椅可是要陪我一辈子的。"就是这不经意的一句话深深地触动了潘石屹:难道我这一生将与这套桌椅共同度过?正在思变的时候,他遇见远在刚刚开放的深圳创业的一位老师。他决定改变自己的命运。

1987年,潘石屹变卖了自己所有的家当,毅然辞职,揣着80元钱去广东打工,后来去了海南,与朋友开公司,自己做老板,开始了经商生涯。凭借着个人努力,潘石屹迅速完成了原始资本的积累。

1993年,潘石屹在北京注册了北京万通实业股份有限公司,任法人代表兼总经理,开始了在北京房地产界的创新与创业,最终成为北京房地产业的一颗新星。

一个人可以靠选择来制造自己的命运。人的一生中充满了大大小小的选择,小到在餐馆点菜,大到选择人生信仰,选择不同,道路也会不同。鱼和熊掌都是人们所喜欢的,但每个人常常不能同时拥有。因此,你必须学会选择。人生也一样,面对繁复的世界,面临各种各样的选择,你必须认准自己的方向和目标,才能做出正确的选择。

总之,在人生的关键时刻,一定要用自己的智慧,去选择,去放弃,这样才能做出最正确的判断,从而选择正确的人生方向。同时,要注意你的选择角度是否存在偏差,以便适时地给予调整。不可否认,只有学会选择和懂得放弃的人,才能创造出美好的人生。

测试:你的虚荣心有多强?

●

每个人都有虚荣心,但是虚荣心也是有度的。下面就来测试一下你的虚荣度吧!

1.上公交车掉了10元钱,你会下车去捡回来。

　　是→5题　　否→2题

2.在外面吃饭常常剩下很多。

　　是→3题　　否→7题

3.买礼物送人时,你不会挑实质性的,会挑好看的。

　　是→4题　　否→7题

4.不管是衣服还是小东西,你都会挑名牌的买。

　　是→8题　　否→11题

5.笑的时候喜欢张大嘴笑。

　　是→6题　　否→7题

6.朋友如果没有事先告知而突然来访,你会很生气。

　　是→7题　　否→9题

7.买不起的东西,就算是分期付款也要买。

　　是→4题　　否→8题

8.多次因受不了店员推荐而买下商品,回家后却后悔。

　　是→11题　　否→9题

9.爱算命,但是不喜欢在算命的地方被朋友看见。

　　是→11题　　否→13题

10.身上只带了3000元,朋友找你借5000元时,你会说忘记带钱包而不是钱不够。

是→15题　　否→13题

11.参加宴会时,你发现别人穿的衣服比你的还时髦时,你会早早回家。

　　是→15题　　否→10题

12.对于第一次见面的人,你会对他(她)的学历和职位产生好奇。

　　是→16题　　否→15题

13.很少出国旅行,一旦出国必定住一流的宾馆。

　　是→B型　　否→A型

14.你非常向往金童玉女且舒适而又多金的婚姻。

　　是→C型　　否→B型

15.你很在意别人的眼光和评语。

　　是→16题　　否→14题

16.买东西时,即使是小钱,你也会叫店主找。

　　是→D型　　否→C型

A——虚荣强度10%

不管周遭现在流行什么,你都不太在意,你甚至觉得那些人比来比去是件很无聊的事。你认为自己的心情最重要,没有必要去管别人怎么想。你相当有自信,似乎没什么能打动或干扰你的心情。但要小心太过于冷漠,会让爱你的人着急哦!

B——虚荣强度40%

你是一个虚荣心不怎么强的人,但你偶尔也会去买一些昂贵的东西。当然,那必须在你的经济许可范围之内,你认为有必要才会去买它。不过,有时候也是为了不想扫对方的兴,才会去迎合别人、配合别人,做一些令自己不开心的事情。建议你去找一些和自己趣味相投的人。

C——虚荣强度70%

你除了虚荣心强,自尊心也很强。你是一个不愿意认输的人。你非常在意周围的人怎么看你,因此总是装着一副光鲜亮丽、幸福满足的样子。

老是爱跟别人比,难道你不觉得累么? 其实,你可以做一个朴素点、真实点的人,你只是被好强的心理造成了偏执的个性。有时不妨放松一点,做你自己才是最明智的人生选择。

D——虚荣强度90%

你是个爱慕虚荣的人, 你的谈吐行为无不一清楚表现出虚荣的气息。也许你自己不觉得,但你常常为了夸耀自己而把自己捧得高高在上,不惜说出一大堆谎言来欺骗别人。但是,牛皮也有吹破的一天,到时你会很惨,没有人会再相信你。

第六章

 量力而行，
别让不好意思害了你

1.敢于拒绝,学会说"不"

在人际交往中注意"脸"和"面子",是中国人长期形成的一种社会心理。没有人不爱护自己的脸面,但是有些人,会比普通人更加看重自己的面子。他们不忍心拒绝任何人,对别人的要求只会说"行",而从不懂得说"不",他们甚至会为了维护自己的面子而硬着头皮去做力所不能及的事。

对于一些不情愿的事情,一定要果断拒绝。说"不"是你的权利,如果你不懂得利用这个权利,就往往会陷自己于不仁不义中,双方都难以接受它造成的后果。

英国作家毛姆在小说《啼笑皆非》中讲过这么一段耐人寻味的故事——一位小人物一举成为名作家了,新朋老友纷纷向他道贺,成名前的门可罗雀同成名后的门庭若市形成了鲜明的对比。

毛姆为我们描写了这样一个场面:一位早已疏远的老朋友找上门来,向他道贺,怎么办呢?是接待他还是不接待他?按照本意,自己实在无心见他,因为一无共同语言,二来浪费时间,可是人家好心好意来看你,闭门不见似乎说不过去。于是只好见他了。见面后,对方又非得邀请他改日到他家去吃饭。尽管他内心一百个不乐意,但盛情难却,他不得不佯装愉悦地应允了。在饭桌上,尽管他没有叙旧之情,可是又怕冷场,于是又得强迫自己无话找话。这种窘迫相可想而知……来而不往非礼也,虽然他不再愿意同这位朋友打交道,但他还是不得不提出要回请朋友一顿。他还得苦心盘算:究竟请这位朋友到哪家饭店合适呢?去第一流的大酒店吧,他担心他的朋友会疑心自己是要在他面前摆阔;找个二流的吧,他又担心朋友会觉得他过于吝啬……

面对别人的请求,当你有时间,并且有能力的时候,不要轻易拒绝。但是没有人是万能的,当你真的力所不能及的时候,就不要碍于面子,不好意思说"不"了。试想一下,如果硬撑着答应,将来误了事儿,那才不好收场。

在工作中,领导让你做某事儿时,你要认真地考虑好,这件事自己是否能够胜任。把自己的能力与事情的难易程度以及客观条件是否具备结合起来考虑,然后再决定是否去做。

孙刚刚到某中学任教,正巧赶上市教委到该校抽人,拟对全市中学进行实地考察,并写出调查报告。因孙刚还没有安排授课,就抽了他去。起初,他感觉为难,心想自己不仅对本市中学教育情况不熟悉,就是对教育工作本身,自己刚刚走出校门,又能知道多少呢?他本不想参加,无奈校长已经开口,实在不好拒绝,只好勉强服从。

转眼间,一个半月过去了,别人都按分工交了调查报告,唯有他一个人,由于不熟悉情况,又缺乏经验,对自己分工调查的三个中学连情况都没摸清,更不用说分析了。市教委主任很恼火,责备该校校长,怎么推荐这么一个人。孙刚面子受不了,又气又羞愧,一下子病倒了,在床上躺了两个星期。

孙刚由于当初不好意思拒绝,最终面子难保,身心都受到了伤害。作为下级,往往在领导提出要求时,虽然不乐意,但又不好意思拒绝,但是你没有考虑到,如果为了一时的情面接受自己根本无法做到的事,一旦失败了,领导就不会考虑到你当初的热忱,只会以这次失败的结果对你进行评价。如果你认为对上级拜托你的事儿不好拒绝,或者害怕因拒绝会引起领导不高兴而接受下来,那么,此后你的处境就会更艰难。

每个人的能力都是有极限的,我们并不是万事皆能的全才,覆水难收,话一出口就没有挽回的余地,后果就需要自己去承担。一旦失利,失去的不仅是做成这件事的机会,还有他人对你的信任。试想一下,一个只会说不会做的人,谁会喜欢。因此,当遇到他人的请求时,不要把话说得太满,要给自己一个回旋的余地。

拒绝别人的要求确实是件不容易的事,大家都有体会。央求人固然是一件难事,而当别人央求你,你又不得不拒绝的话,也是叫人头痛的。因为每个人都有自尊心,希望得到别人的重视,同时也不希望别人不愉快,因而,也就难以说出拒绝的话了。

不过,当你经过深思熟虑,倘若答应对方的要求将会给你或他带来伤害,那么,就应该拒绝,而不要为了面子问题,做出违心的事来,结果对双方都没有益处。。

当然了,拒绝是相当重要却又不太容易的课题,有人喜欢你直截了当地告诉他拒绝的理由,有人则需要以含蓄委婉的方法拒绝,各有不同。

下面的一些小技巧希望对你有所帮助。

(1)在很多时候,想拒绝别人的时候,你只要简单地说一句:"我实在有更要紧的事要做。"就可得到绝大多数人的谅解。如果你总做出违心的决定,那将令周围的人无法容忍。你既失了自我本色,也耽误了别人。

(2)不要立刻就拒绝他人的请求。立刻拒绝,会让人觉得你是一个冷漠无情的人,甚至觉得你对他有成见,一旦有了这样的误解,无疑对双方的关系是致命打击。

(3)对于一些对方不急着要求答复或是办到的事情,可以采取暂时不给予答复的方法。当对方提出要求时你迟迟没有答应,只是一再表示要研究研究或考虑考虑,那么聪明的对方马上就能了解你是不太愿意答应的。但无论如何,仍要以谦虚的态度,别急着拒绝对方,仔细听完对方的要求后,如果真的没法帮忙,也别忘了说声"非常抱歉"。

(4)尽量以非个人原因作为拒绝的借口。

(5)用最委婉、和气的方式来表达你的不同意见。傲慢无情的拒绝易招来怨恨,对人脉资源的积累绝没有好处。所以,当真正有不得已的苦衷时,如能委婉地说明,以婉转的态度拒绝,以和气的方式表达不同的意见,别人还是会感动于你的诚恳,对你的情况给予谅解。

拒绝是一门艺术,更是一种智慧,懂得适时地拒绝别人,才是成熟的开始!

2.不重视面子会活得更好

中国人的多数欲望大抵跟面子是分不开的。

我们从小就得到长辈们的训示:"别丢我们的脸!"将"面子"的观念

深植在我们的心中。从此，我们时刻注意自己的面子，时刻牢记千万不能失掉面子，即使为此撑得异常辛苦也在所不惜。

小小的一个面子，尽显众生百态！富人有富人的面子，穷人有穷人的面子；当官的有当官的面子，老百姓有老百姓的面子；长辈有长辈的面子，孩子有孩子的面子；君子有君子的面子，小人有小人的面子……面子简直成了中国人的第二生命。

曾经有这样一个笑话：

民国初年，一个曾经风光而又陷于落魄的旗人整日泡在酒肆里跟人吹嘘他是如何养尊处优，锦衣玉食。

一天，他边吹牛边津津有味地啃着一个芝麻烧饼。烧饼吃完了，一些芝麻不小心掉在柜台上了。他正思忖该怎样把这些芝麻纳入口中又不招人笑话，一个衣冠不整的姑娘跑进来，是他的女儿找他回家。他忙端着架子斥责女儿："慌慌张张的干什么？怎么不打扮整齐再出门？"

姑娘很惊讶地望着他说："爸爸，你忘了吗？咱家值钱的东西都当光了，我哪有体面的衣服穿啊？我妈让你赶紧回家，她要出门没裤子，让你把裤子借她穿一会儿！"

这旗人一听面红耳赤，想溜出去却没忘刚刚掉落在柜台上的几粒芝麻，便一拍柜台，怒道："小孩子胡说什么？还不回家去？"借拍柜台之机将几粒芝麻尽粘在手掌上偷偷地吃了下去。

爱面子如斯，真是可气又可笑。

其实，不要面子我们会活得更好。

古代大哲人苏格拉底的生活态度很值得我们效仿。

每个清晨，邻居们都会看见赤着脚的苏格拉底走出家门，踩着晶莹的露水，跳到一块等待雕刻的大石头上，仰起头向远道而来的太阳热情地问候,向正在隐去的星星和月亮挥手告别。他无视众人怪异的眼光,披上他那破旧不堪的袍子,准备到集市上和民众们辩论,行使他"思想助产士"的义务劳动。

这时正为早餐发愁的妻子冲出来,在众人面前厉声责备丈夫,高声发着牢骚,抱怨家里米缸朝天,丈夫却天天游手好闲,不求上进。苏格拉底却不顾众人的窃笑,亲昵地拥抱一下老婆,向外边走边说:"亲爱的,我去工作了,我要帮人们把思想顺利生产下来。"愤怒的妻子把一盆水泼向苏格拉底,他顿时被浇成了落汤鸡。苏格拉底像骑士一样抖抖湿透的袍子,对哈哈大笑的邻居说:"看来我猜对了,电闪雷鸣过后,必有大雨倾盆。"

很多人一定会嘲笑苏格拉底是个"妻管严",在众人面前被老婆扁很丢面子,殊不知这正是苏格拉底的高明之处。因为他知道自己的老婆是个"河东狮",既然没法子改变就由她去吧。

面子是什么,如果不要面子可以生活得更好,我们又何乐而不为呢?

不要再违心地在众人聚会时充大方争抢着付账单,却因为钱包瘪下去而暗暗心疼。

也不要花费两三个月的薪水换一身新行头,只求别人的一句"衣服很漂亮",接下去的两个月却不得不与馒头咸菜为伴。

更无须整天板着面孔,不苟言笑,开怀大笑吧,即使笑得露出了你的小龅牙,也不会没面子。

千万别再不懂装懂了,承认自己也有无知的时候,这没什么丢脸的。

用钱买来的面子,是华而不实的面子,让人一眼就能看穿你内心的贫乏;用权力换来的面子是势力而短暂的,没有一个人可以长久地拥有权力,这样的面子虽然八面威风却没有底气。实力可以说明一切,当你拥有充实的内心,拥有也许并不太聪明但肯踏踏实实汲取营养的大脑,拥有富贵不能淫的骨气以及脚踏实地的干劲,无须你去做作地用假面具来装面子,那由内至外散发出来的气质足以让别人不能轻视你,你也活得更真实、更轻松。

让我们把面子统统扔到太平洋去吧!

3.“匹夫之勇”要不得

办事要量力而行,对自己做不到的事,要说明情况,不要勉为其难。乱逞英雄、匹夫之勇都是虚荣心作祟的行为,这样做和一个没有理智的莽夫没有区别。

“匹夫之勇”这个成语,最早出现在《孟子》一书中。“匹夫”这个词,在中国古代社会中专指普通平民男子,而“匹夫之勇”这个成语带有贬义的色彩,意思是逞强斗狠、不计后果地蛮干。据《孟子·梁惠王下》记载,有一次齐宣王对孟子说:“我有个毛病就是喜欢‘勇’。”孟子听了这话后心想:“人君不可无勇。”“勇”并不是坏毛病,问题在于如何正确地看待“勇”,于是便回答说:“勇,有小勇、大勇之别,希望大王不要好小勇,而要养大勇。”

那么,什么是小勇,什么是大勇呢?孟子说,像一个人手握利剑,瞪大眼睛,高声吼道:“谁敢抵挡我!”这就是匹夫之勇,是只能对付一人的小勇。而当国家而临强敌和霸权时,像周文王周武王敢于一怒而率众奋起抵抗,救民于水火之中,所谓“文王一怒而安天下之民”。这就是大勇。

从孟子的这段话中可以看出,匹夫之勇,是无原则的冲动,是只凭拳头和武力的血气之勇。而大勇则是孔子所说的义理之勇,也就是基于正义的勇敢;只要正义存于我方,对方即使有千军万马,也会勇往直前,大义凛然,无所畏惧。

北宋著名文学家苏轼,在他的《留侯论》一文中,进一步发挥了孟子的这个观点。文中写道:"匹夫见辱,拔剑而起,挺身而斗,此不足为勇也。天下有大勇者,卒然临之而不惊,无故加之而不怒。此其所挟持者甚大,而其志甚远也。"

这段话的意思是说,在面临侮辱和冒犯时,一般人往往会一怒之下,便拔剑相斗。这其实谈不上是勇敢。真正勇敢的人,在突然面临侵犯时,总是镇定不惊。而且即使是遇到无端的侮辱,也能够控制自己的愤怒。这是因为他的胸怀博大,修养深厚。

匹夫之勇,既是血气之勇,表现出来的就是,无容人之量,易怒。易怒,也容易造成不良后果。

怒,对于同学、同志、同事、朋友来说,是割断友谊纽带的利刃;对家庭亲人来说,是毒化亲情血缘的砒霜。

怒,对于手握军政大权的官员来说,往往是"小不忍则乱大谋",甚至有时就意味着战争和动乱。

春秋时,越王勾践被吴王夫差打败,在吴国囚禁三年,受尽了耻辱。回国后,他决心自励图强,立志复国。

十年过去了,越国国富民强,兵马强壮,将士们又一次向勾践来请战:"君王,越国的四方民众,敬爱您就像敬爱自己的父母一样。现在,儿子要替父母报仇,臣子要替君主报仇。请您再下命令,与吴国决一死战。"

勾践答应了将士们的请战要求,把军士们召集在一起,向他们表示决心说:"我听说古代的贤君不为士兵少而忧愁,只是忧愁士兵们缺乏自强的精神。我不希望你们不用智谋,单凭个人的勇敢,而希望你们步调一致,同进同退。前进的时候要想到会得到奖赏,后退的时候要想到会受到处罚。这样,就会得到应有的赏赐。进不听令,退不知耻,会受到应有的惩罚。"

到了出征的时候,越国的人都互相勉励。大家都说,这样的国君,谁能不为他效死呢?由于全体将士斗志十分高涨,终于打败了吴王夫差,灭掉了吴国。

我们知道,项羽虽然是一个失败的英雄,但是司马迁却称赞他说:"当年秦国政治腐败,百姓纷纷起来反抗,项羽在陈涉这个地方领军对抗,前后只花了三年时间,就把秦国灭掉,然后将得来的天下分封给各王侯贵族,成为称雄一方的霸主,虽然最后他失去了霸主的地位,但是他的功绩伟业,近古以来还没有人能做到。"

而刘邦做了皇帝以后,在洛阳宫摆设筵席宴请群臣的时候说:"我之所以能成功,顺利取得天下,是因为能够知道每个人的特长,并且也懂得如何让其发挥长处。"然后他问韩信对自己的看法。韩信回答说:"大王您很清楚自己各方面的才能与长处,因此您其实心里明白,说到机智与才华,其实是不如项王。不过我曾经当过他的部下一段时间,对于他的性情、作风、才能,了解得比较清楚。项王虽然勇猛善战,一人可以压倒几千人,但是却不知道如何用人,因此一些优秀杰出的贤臣良将虽然在他手下,可惜都没能好好发挥各自的专长。所以项王虽然很勇猛,却只是匹夫之勇,做事不懂得深谋远虑、三思而行。而大王任用贤人勇将,把天下分封给有功劳的将士,使人人心悦诚服,所以天下终将成为大人您的。"

所以,无论做什么事,都不要逞匹夫之勇,也只有这样才能更好地保护自己。革命导师列宁在上班途中碰到劫匪,不假思索地把钱交给了匪徒,全身而走。伟人们遇到"屋檐",还知道暂时低头,我们这些俗人何必为逞匹夫之勇而遭罪呢?

水往低处流,那是一种迂回和策略,正因为水肯于在大山的阻隔下改道,最终才会赢得"青山遮不住,毕竟东流去"的胜利。先发制人固然快意,后发制人则更加有力。"小不忍则乱大谋",为了大谋,就要忍得眼前的羞辱，"留得青山在，不怕没柴烧。"

自古以来，一气之下，不自量力，做出傻事、铸成败局的事例不计其数，韬光养晦才是出奇制胜的良策。

看过电视剧《汉武大帝》的人都知道，匈奴之患一直是古代中国的梦魇，西汉初期国弱民贫，面对匈奴步步紧逼和挑衅，暂且忍气吞声，以和亲等安抚政策与之周旋，同时加紧富国强兵，直到汉武帝时期，西汉王朝的强盛已是如日中天，终于到了出兵时机，卫青、霍去病率大军穿草原、跨沙漠，万里征战十余年，将匈奴剿杀得元气尽丧，至此，匈奴之患基本从中国历史上消失。如果汉初就与匈奴硬拼，恐怕灭掉的不是匈奴而是大汉了。

匹夫之勇是一种盲动冒进；英雄之忍是一种战术迂回。避其锋芒，韬光养晦，才能积蓄力量，把握战机，后发制人。英雄之忍可以铸成大事，匹夫之勇只可以贻笑大方。面对无端的责难，面对百般的嘲讽，面对不平的待遇，面对一切我们难以忍受的苦楚，发扬流水不争先之隐忍精神，多一些理智，少一些鲁莽，走好人生的每一步，走稳人生的每一招，步步为营，招招制胜！

4.保持清醒，小心被"捧杀"

在生活中，当我们被别人追捧、赞扬的时候，要考虑到别人拍自己马屁的因素是多方面的，因为爱，就会有偏袒；因为害怕，就会有不顾事实的讨好；因为有求于人，便会有虚夸。所以，我们必须在一片赞扬声中，保持足够清醒的头脑。

通常情况下，人在称赞别人时，有时是没有什么用意的，但有时却是别有居心。别有居心的人，可能就是为了想亲近对方。受人赞美时不能乐昏了头，而应在赞美声里领悟对方的用意，以免吃亏上当。过多的甜言蜜语犹如高利贷，听得愈多，信得愈切，持续得愈久，愈要求付出昂贵的代价。

一只狐狸正在找食物，找了很久也没找到，这时它在河边碰上了一只仙鹤。狐狸脑子一转，计上心来，换了一副笑脸对仙鹤说："早安，聪明的仙鹤，近来您的身体好吗。"

"很好，谢谢您！狐狸先生，您有什么事吗？"仙鹤很高兴地说。狐狸凑近一点说："我有些问题想请教您。如果风从北边吹来，您的头朝什么方向转？""当然是朝南面转啦。"

"如果风从西面吹来，您的头朝什么方向转？"

"朝东。"

"怪不得连人类都夸您聪明的呢，要我说您一定是世界上最聪明的动物！"

仙鹤已经有些洋洋得意了。狐狸又悄悄地向前靠近了一点问："那如果风从四面八方刮来，那该怎么办呢？"

仙鹤已经完全被狐狸的奉承话吹晕了，它得意地说："那我就把头伸进翅膀里去——像这样。"愚蠢的仙鹤边说边把头藏进翅膀下面以示范给狐狸看，可是没等它再把头露出来，狐狸"唰"地往前一扑，狠狠地咬住了仙鹤的脖子。

狐狸只凭几句好听话就把仙鹤骗成了口里的美餐，要怪也只能怪仙鹤自己对奉承话太过敏了。虽然这只是一则童话，但是也能给我们很大的启示。生活中，我们也会常常听到赞美声，无论是真诚的还是别有用心的，都应该控制自己，保持冷静和清醒，以免成为别人赞美声中的牺牲品。

欧洲有位著名的女高音歌唱家,30岁便已享誉全球,而且也已经有了美满的家庭。有一年,她到邻国开一场个人演唱会,这场音乐会的门票早在一年前就已经被抢购一空。

表演结束之后,歌唱家和她的丈夫、儿子从剧场里走了出来,只见堵在门口的歌迷们,一下子全涌了上来,将他们团团围住。每个人都热烈地呼喊着歌唱家的名字,其中不乏赞美与羡慕的话。

有人恭维歌唱家大学一毕业就开始走红了,而且年纪轻轻便进入国家级的歌剧院,成为剧院里最重要的演员;还有人恭维歌唱家,说她25岁时就被评为世界十大女高音歌唱家之一,也有人恭维歌唱家有个腰缠万贯的大公司老板做丈夫,而且还生了这么一个活泼可爱的小男孩……当人们议论的时候,歌唱家只是安静地聆听,没有任何回应与解答。

直到人们把话说完后,她才缓缓地开口说:"首先,我要谢谢大家对我和我家人的赞美,我很开心能够与你们分享快乐。只是,我必须坦白告诉大家,其实,你们只看到我们风光的一面,我们还有另外一些不为人知的地方。那就是,你们所夸奖的这个充满笑容的男孩,很不幸的是个不会说话的哑巴。此外,他还有一个姐姐,是个需要长年关在铁窗里的精神分裂症患者。"

歌唱家勇敢地说出这一席话,当场让所有人震惊得说不出话来,大家你看看我,我看看你,似乎难以接受这个事实。

我们不能不为这位歌唱家的理智和清醒喝彩!

有多少人曾经在一片赞扬声中,迷惑了双眼,最终导致了失败。最惊人扼腕叹息的恐怕该是王安石笔下的仲永了。

金溪县有个叫方仲永的人,他家世世代代以种田为业。方仲永长到5

岁时便能做诗,并且诗的文采和寓意都很精妙,值得玩味。县里的人对此感到很惊讶,慢慢地都把他的父亲高看一等,有的还拿钱给他们。他父亲认为这样有利可图,便每天拉着方仲永四处拜见县里有名望的人,表演作诗,却不抓紧让他学习。到最后,方仲永已与众人无异。他的聪明才智最终被完全捧杀了。

和方仲永不同的是,世界上越是伟大的人物,越能够清楚地认识自己的成功,对待他人的赞美,往往是谦虚理智的,有的甚至还很反感别人赞扬他。

在第二次世界大战中,丘吉尔对英伦之护卫有卓越功勋。战后在他退位时,英国国会拟通过提案,塑造一尊他的铜像置于公园,令众人景仰。一般人享此殊荣高兴还来不及,丘吉尔却一口回绝,他说:"多谢大家的好意,我怕鸟儿喜欢在我的铜像上拉粪,还是请免了吧。"

牛顿,这位杰出的学者、现代科学的奠基人,他发现了万有引力定律,建立了成为经典力学基础的牛顿运动定律,出版了《光学》一书,确定了冷却定律,创制了反射望远镜,还是微积分学的创始人……功绩显赫,光彩照人,可当听到朋友们赞扬他的时候,他却说:"不要那么说,我不知道世人会怎么看我。不过我自己只觉得好像一个孩子在海边玩耍的时候,偶尔拾到几只光亮的贝壳。但对于真正的知识大海,我还没有发现呢。"

有这样谦逊好学、永不满足的精神,牛顿的成功是必然的。古今成大事业、大学问者,正是因为有了能够正确对待他人赞扬的态度和谦逊好学的精神,才达到人生的光辉顶点的。

爱听赞美话就像是人身上的一根软肋,最容易被人利用。在你保持头脑清醒和冷静的时候,别人的赞美是对你赞同、支持和信任,能给你再接再厉的能量,给你不断攀登和战胜困难的信心和勇气。一旦你的心被那些赞美声融化,你的眼睛被其蒙蔽,那么你就会和"方仲永"一样,成为别人"捧杀"的可怜可悲的牺牲品。

5.在低起点上胜出,才是成功的捷径

在这个社会,越来越多的人自命不凡,为了满足虚荣心,他们迫切想用一些实际的东西来证明自己的能力。比如,找一份好工作,这对于那些名牌大学毕业的学生来说,是一个必须要抓住的机会。否则,别人就会说,看,那个名牌大学的毕业生去的公司还没有我们那个公司大呢? 多没面子。

所以,他们的姿态永远都是趾高气扬的,他们一点都不肯示弱,恨不得把自己的弱项也变成强项,为了给自己卖个好价钱,他们甚至不惜夸大自己的各种能力。

但是结果又常常不如人愿,你比别人强,还有比你更强的,你本科毕业,比那些专科毕业生有优势,可是站在你后面的就是研究生,研究生后面还有博士生。总之,山外有山,楼外有楼,在强者如云的队伍里,要想胜出谈何容易啊。

这时候,不妨进行逆向思考,在大家都在向高处拥挤的时候,你何不放下身价,以低姿态示人?

关键是如果你能放下身价,你的竞争对手就不再是那些一个比一个自命不凡的强者,更多的是那些踏实、谦虚的专科生或者本科生。

只要你是金子,在哪里都会发光的,但是若是在一大堆金子中发

光，很难有人发现你，但是你若在一片石子中发光，那么别人一眼就能看到你。

有一位博士在找工作时，被许多家公司拒之门外，万般无奈之下，博士决定换一种方法试试。他收起所有的学位证明，以一种最低的身份再去求职。

不久，他被一家电脑公司录用，做一名最基层的程序录入员。没过多久，公司就发现他才华出众，竟然能指出程序中的错误，这绝非一般录入员所能比的，这时，博士亮出了自己的学士证书，老板于是给他调换了一个与本科毕业生对口的工作。

过了一段时间，老板发现他在新的岗位上也游刃有余，能提出不少有价值的建议，这比一般大学生高明，这时博士亮出自己的硕士身份，老板又提升了他。

有了前两次的事情，老板也比较注意观察他，发现他还是比硕士有水平，就再次找他谈话，这时博士拿出博士学位证明，并说明了自己这样做的原因，老板恍然大悟，毫不犹豫地重用了他。

可见，学会在适当的时候，保持适当的低姿态，绝不是懦弱的表现，而是一种智慧。放低姿态既是一种态度也是一种作为，学习谦恭，学习礼让，学习螺旋式上升，这既是人生的一种品位也是境界，让我们脚踏实地地攀上成功的阶梯。

如今，走出校园的大学毕业生已不再是"象牙塔"里的"天之骄子"，他们肩负着巨大的就业压力，在激烈的就业竞争中，理想的职业固然重要，但在没有更好选择的前提下，暂时屈就也是权宜之计。

王涛是一名毕业于湖南师范大学的本科生，如今他是浙江某建筑公司的一名经理。在外人看来，像王涛这样毕业于师范院校的大学生，应该去做老师才对,怎么当起了建筑工人呢?

原来,在大学里学物理专业的王涛,毕业后,由于所学专业比较冷门,辗转于人才市场一个多月也没找到合适的工作。后来,他和同学跑到浙江省,想在那里闯一闯,当他听说某建筑公司招工人的时候,他决定放低姿态,先从工人干起。虽然工作在基层很辛苦,但通过自己的努力,在短短的两年时间里,他从钢筋工人中脱颖而出,慢慢从基层做到了管理层,当上了经理。

回首这一路走来,王涛感慨地说道:"不管从事什么行业,只要努力了就会有回报。"大学毕业生们只要肯放低姿态,积极融入到社会当中,勇于到基层锻炼,善于在艰苦、复杂的环境中脱颖而出,是金子它总会发光的。

是的,是金子总是会发光的。自古以来,凡成功者都懂得放低姿态。周文王弃王车陪姜太公钓鱼,灭商建周成为一代君王;刘备三顾茅庐拜得诸葛亮为军师,促成三国鼎立。这些都是我们耳熟能详的故事,如果没有文王及刘备的低姿态哪能求得赫赫成绩,从而流芳百世。

一个人在社会上求生存,即便你有自己的优势,你也不可能永远姿态高扬。在社会对人低头,有时是你的生活方式和工作方式中的一种。它与你的道德和气节毫无关系。当你遇到一个很低的门的时候,你昂首挺胸地过去,肯定要给脑袋碰出一个包来,明智的做法只能是弯一下腰,低一下头,比很低的门显得比你高就成了。

在竞争格外激烈的现代社会,如果你想引起别人的注意,就得以一种低姿态出现在对方面前,表现得谦虚、平和、朴实、憨厚,甚至愚笨、毕恭毕敬。你的这种姿态虽然把自己的身价放低了,但是你使对方感到了自己是受人尊重的,比别人聪明的,那么他自然会对你留下好的印象。

你要记住,你谦虚时对方就显得高大;你朴实和气,他就愿意与你相处,认为你亲切、可靠;你恭敬顺从,他的指挥欲得到满足,认为与你很合得来;你愚笨,他就愿意帮助你,这种心理状态对你非常有利。相反,你若以高姿态出现,处处高于对方,咄咄逼人,对方心里会感到紧张,做事就没救了,而且会产生一种逆反心理。

因此,尽快胜出的方法不是自抬身价,恰恰相反,放低身架才是成功的捷径。

其实,你以低姿态出现只是一种表象,一是为了让自己脱离那个所谓强者如云的舞台,置身于一个更容易引人注目的位置。二是这种低调的姿态可以让对方从心理上感到一种满足,使他愿意与你合作。实际上越是表面谦虚的人,越是非常聪明的人,越是工作认真的人。所以,对任何一个人来说,学会在适当的时候,保持适当的低姿态,绝不是懦弱的表现,而是一种大智若愚的智慧。

6.掩饰错误不如承认错误

没有人喜欢自己被指责,哪怕自己犯了错误。所以,当知道自己犯了错的时候,最初的、也是最强烈的反应就使为自己辩护、为自己开脱。而实际上,这种文过饰非的态度会使一个人在人生的轨道上越偏越远。

金无足赤,人无完人。人生在世没有人会不犯错误,有的人甚至还一错更错,既然错误是无法避免,那么可怕的不是错误本身,而是怕错上加错、不敢承认错误。

承认错误是一种人生智慧,下面这个事例或许会让读者有所启发:

格里·克洛纳里斯在北卡罗纳州夏洛特当货物经济人。在他给希尔公司做采购员时,发现自己犯下了一个很大的业务上的错误。有一条对零售采购商至关重要的规则,是不可以超支你账户上的存款数额。如果你的账户不再有钱,你就不能购进新的商品,直到你重新把账户填满,而这通常要等到下一个采购季节。

那次正常的采购完毕之后,一位日本商贩向格里展现了一款极其漂亮的新式手提包。可这时格里的账户已经告急。他知道他应该在早些时候就备下一笔应急款,好抓住这种叫人始料未及的机会。此时他知道自己只有两种选择:要么放弃这笔交易,而这笔交易对西尔公司来说肯定会有利可图;要么向公司主管主动承认自己所犯下的错误,并请求追加拨款。

正当格里坐在办公室里苦思冥想时,公司主管碰巧顺路来访。格里当即对他说:"我遇到了麻烦了,我犯了大错。"他接着解释了所发生的一切。尽管公司主管平时是个非常严厉苛刻的人,但他深为格里的坦诚所感动,很快设法给格里拨来了所需款项。手提包一上市,果然深受顾客欢迎,卖得十分火爆。而格里也从超支账户存款一事中汲取了教训。

这个故事中告诉我们:当不小心犯了某种大的错误时,最好的办法是坦率地承认和检讨,并尽可能快地对事情进行补救。只要处理得当,你依然可以赢得别人的信赖。

当我们错了,就要迅速而真诚地承认。如果你在工作上出错,就应该立即向领导汇报自己的失误,这样当然有可能会被大骂一顿,可是上司的心中却被认为你是一个诚实的人,将来也许对你更加器重,你所得到的,可能比你失去的还多。

承认错误是一种人生智慧,只有人们对错误采取认真分析的态度,才能反败为胜。现实中,许多人为了面子死不认错,硬认死理,只会让自己一错再错,损失更大的"面子"。由此,一个人要想有面子,就要不怕丢面子。孔子说:"过而不改,是谓过矣。"意思是说,犯了一回错不算什么,错了不知悔改,才是真的错了。

闻过则喜、知过能改，是一种积极向上、积极进取的人生态度。只有当你真正认识到它的积极作用的时候，才能身体力行去聆听别人的善意劝解，才能真正改正自己的缺点和错误，而不致为了一点面子去忌恨和打击指出自己过错的人。闻过易，闻过则喜不易，能够做到闻过则喜的人，是最能够得到他人帮助的人，当然也是最易成功的人。

在我们犯了错误的时候，总是想得到别人的宽恕，而不是斥责。其实，宽恕是我们的纵容，别人宽恕了我们第一次，我们可能会犯第二次、第三次。我们要学会在犯了错误的时候，坦率地承认，并担负我们该负的责任，而不是为了怕丢面子，百般辩解，文过饰非。

人非圣贤，孰能无过，知错能改，善莫大焉。发现错误的时候，不要采取消极的逃避态度。而是应该想一想自己应怎样做才能最大程度地弥补过错。只要你能以正确的态度对待它，勇于承担责任，错误不仅不会成为你发展的障碍，反而会成为你向前的推动器，促使你不断地、更快地成长。任何事情都有它的两面性，错误也不例外，关键就在于你从什么样的角度去看待它，以怎样的态度去处理它。

孙阳是某化工厂的财务人员。一天，他在做工资表时，给一个请病假的员工定了个全薪，忘了扣除其请假那几天的工资。于是孙阳找到这名员工，告诉他下个月要把多给的钱扣除。但是这名员工说自己手头正紧，请求分期扣除，但这么做的话，孙阳就必须得请示老板。

孙阳认为，老板知道这件事后一定会非常不高兴的，但孙阳认为这混乱的局面都是因自己造成的，他必须负起这个责任，于是他决定去老板那儿认错。

当孙阳走进老板的办公室，告诉他自己犯的错误后，没想到老板竟然说这不是他的责任，而是人事部门的错误。孙阳强调这是他的错误，老板又指责这是会计部门的疏忽。当孙阳再次认错时，老板看着孙阳说："好样的，你能在做错事情的时候主动承认，不推到别人的身上，这种勇气和决心很好。好了,现在你去把这个问题解决掉吧。"事情就这样解决了。从那以后,老板更加器重孙阳了。

如果只是顾全面子,不敢承担责任的话,那最后吃亏的只能是你自己。假如你犯了错且知道免不了要承担责任,抢先一步承认自己的错误,不失为最好的方法。自己谴责自己总比让别人骂好受得多。如果勇于承认错误,并把责备的话说出来,十有八九会宽大处理。作为一个平凡的人,在办事过程中难免会犯一些错误。虽然有些人认识到了自己的错误,但没有勇气承认,或把犯错的理由归结于别的因素。只有极少数人能够站出来,勇敢地坦白,在他们看来承认错误就意味着要受到责罚,却不知道领导则认为沉默和狡辩的托辞意味着逃脱责任。

小刘在一家工厂任技术员。经过几年的实践锻炼,在老同志的帮助下取得了一定的成绩,并且被提拔成车间副主任,负责车间的生产技术工作。

有一次,车间的生产线发生了一些问题,产品质量也受到了影响。他看过之后,便立即断言是原料的配比不合适,认为在投放新的一家企业提供的原材料后,原有的配比必须改变。但调整之后,情况仍不见好转。此时,另一位技术人员提出了不同的见解,认为问题的症结并不是新的原料或原料配比不合适,而在于设备本身的问题。对此,小刘从内心觉得技术员的看法很合理,但是,他觉得自己是负责全车间技术与工艺的领导,如今自己的判断出现了失误,就必须承担一定的责任。

为了避免责任,他一方面继续坚持自己的看法,另一方面也布置专人对设备进行必要的维修和调整。但是由于贻误了时机,问题最终还是爆发了,给公司造成了巨大损失。小刘在羞愧之中提出辞职。

喜欢听赞美是每个人的天性。忠言逆耳,当有人尤其是和自己平起平坐的同事对着自己狠狠数落一番时,不管那些批评如何正确,大多数人都会感到不舒服,有些人更会拂袖而去,连表面的礼貌也不会做,令提意见的人尴尬万分。这样的结果就是,下一次如果你犯再大的错误,也没有人敢劝告你了。这不仅会让你在错误的路上越滑越远,更是你做人一大损失。当我们错了,就要迅速而真诚地承认。

事实上,一个有勇气承认自己错误的人,他不但可以获得某种程度的满足感,还可以消除罪恶感,有助于弥补这项错误所造成的后果。卡耐基告诉我们,傻瓜也会为自己的错误辩护,但能承认自己错误的人,就会获得他人的尊重,而且令人有一种高贵诚信的感觉。

人无完人,没有人没缺点,也没有人不会没有错误,有时甚至还一错再错。既然错误是不可避免的,那么可怕的并不是错误本身。而是怕知错而不肯改,错了也不悔过。

其实,如果能坦诚面对自己的缺点和错误,拿出足够的勇气去承认它、面对它,不仅能弥补错误所带来的不良后果,而且能加深领导和同事对你的良好印象,从而很痛快地原谅你的错误。这不但不是"失",反而是最大的"得"。

如果你总是害怕承认自己曾经犯错,那么,请接受以下这些建议:

假若你必须向别人交代,与其替自己找借口逃避责任,不如勇于认错,在别人没有机会把你的错到处宣扬之前,对自己的行为负起一切的责任。

(1)如果你在工作上出错,要立即向领导汇报自己的失误,这样当然有可能会被大骂一顿,可是上司的心中却会认为你是一个诚实的人,将来也许对你更加器重,你所得到的可能比你失去的还多。

(2)如果你所犯的错误可能会影响到其他同事的工作成绩或进度时,无论同事是否已发现这些不利影响,都要赶在同事找你"兴师问罪"之前主动向他道歉、解释。千万不要企图自我辩护,推卸责任,否则只会火上浇油,令对方更感愤怒。

每个人都会犯错误,尤其是当你精神不佳、工作过重、承受太沉重的生活压力时。偶尔不小心犯错是很普通的事情,关键是犯错后要用正确的态度对待它。犯错误不算什么罪大难饶的事,"有则改之,无则加勉",只有放下了面子,不再固守所谓的自尊,人才能坦诚地面对自己,面对别人。

测试:你是个知足常乐的人吗?

知足,就是对事情的状况感到满意。知足常乐,强调的是一种心态,是说要以正确的、平和的心态来对待宠辱得失。

知足心就静,心静自然乐在其中。

在这个物欲横流的社会,你能保持一个平和的心境吗?请按照实际情况来选择。

1.你是否觉得自己被迫循规蹈矩?

　　A.是的,有时是这样

　　B.很少或从不

　　C.是的,我经常因为必须循规蹈矩而感到沮丧

2.你是否喜欢自己的工作?

　　A.大多数时候是,但不总是

　　B.是的

　　C.基本上不是这样

3.你认为下面哪个词是对你最好的概括?

　　A.安定的

　　B.感到满意的

　　C.不平静的

4.你是否做了一些让你良心不安的事？

    A.是的，有时候

    B.很少或从不

    C.是的，我在这方面很担心

5.你对生活是否抱有一种轻松的态度？

    A.是的，对大多数事情是这样。但是，有些事情很重要，不是那么容易放得下

    B.总的来说，我的确是采取一种轻松的态度对待生活

    C.我不认为自己是一个很轻松愉快的人

6.你是否因为自己的失败而拿别人出气？

    A.偶尔

    B.很少或从不

    C.经常

7.你是否感到自己的生日是在比较幸运的星座上？

    A.也许我算比较幸运的

    B.绝对没错

    C.不

8.你是否已经实现了人生的大多数抱负？

    A.是的

    B.我现在不能找出特定的抱负需要我去实现

    C.完全不是

9.你如何看待未来？

    A.有一定程度的理解

    B.如果顺利的话，会像现在一样继续发展

    C.我希望将来会比过去和现在要好得多

10.你拥有良好的睡眠吗？

    A.我努力做，但不总是成功

B.是的

C.通常不太好

11.你是否感到自己有自卑感？

A.可能,有时是这样

B.没有

C.是的

12.你是否认为自己拥有忠诚和稳定的家庭生活？

A.总的来说是这样

B.毫无疑问

C.不是

13.你觉得自己有充分享受自己的业余时间？

A.也许我的业余活动没有我希望的多

B.是的

C.没有,因为我没有时间参加业余活动

14.你是否考虑过通过做整形手术来让自己变得漂亮一些？

A.可能

B.没有

C.是的

15.如果让你回顾并且评价自己的人生,下面哪句话最适合？

A.基本上满意,但我认为自己还能够获得更多

B.我要感谢上天的恩赐,因为我人生的顺境要多于逆境

C.我多少会感到有些生气,因为我没有实现自己的人生价值

16.你是否很容易休息放松？

A.有的时候容易,有的时候比较困难

B.很容易

C.一点也不容易

17.你是否已得到人生中应该得到的大多数东西？

A.基本上是这样

B.我认为我得到了

C.我认为我没有得到

18.你是否经常希望自己是另一个人?

A.不经常,但偶尔会认为有些人比我幸运

B.我从来没有认真考虑过

C.我经常希望自己是另一个人

19.如果让你变换生活方式一年时间,你愿意吗?

A.在特定的情况下有可能

B.我认为我不会

C.是的,我会接受这样的机会

20.你是否觉得机会总是从身边溜走?

A.有时

B.很少或从不

C.经常

21.你嫉妒其他人的财产吗?

A.偶尔

B.很少或从不

C.经常

22.你是否经常因为做得太少而沮丧?

A.有时

B.很少或从不

C.几乎始终是这样

23.你是否渴望异乎寻常的假期,它可以让你完全逃避现实?

A.是的,有时候

B.假期是不错,但对我来说不是必不可少的

C.是的,经常这样想

24.你是否嫉妒富人或名人？

    A.偶尔

    B.很少或从不

    C.经常

25.你对自己感到满意吗？

    A.偶尔

    B.经常

    C.很少或从不

计分标准：

选A得1分,选B得2分,选C不得分。

测试结果：

少于25分:你对自己的生活不太满意。

也许你对没有实现自己的人生梦想或者已经精疲力竭而感到非常无奈和痛苦。也许你认为人生太过短暂,你没有足够的时间去做许多你想要做的事情。也许你实在不满意当前所从事的工作,而且在工作的时候你常常会想到许多你真正愿意做的事情。也许你正在经历人生的一个困难或紧张的时期,这种情况是我们每个人都可能遇到的。

如果情况确如上面所述,那么现在正是审视并且评价自己人生的好时候,并且特别要多注意积极的方面,扪心自问得到了什么。也许你拥有一份稳定而喜欢的工作和一个和睦的家庭,这本身就是一种成就;也许你有一项喜爱的运动或业余爱好,而且可以倾注更多的时间从中享受乐趣……所有这些都是值得为之感激的,而不是失望的理由。

25～39分:你对自己的人生基本满意,尽管可能你还没有意识到这一点。

尽管你并不缺乏雄心壮志,但你不会为了追求这些目标而去冒风险,包括危及到你自己的快乐和现有的生活方式,以及那些和你最亲近的人。

但是,在你的内心深处,经常会有一种不满足感,因为你自认为可以获得更多,并且因此而多少感到有些遗憾。

尽管如此,你还是认为总的来说自己的目标大部分已经实现,因此,没有理由做任何改变,哪怕许多其他人,例如父母、老师、朋友和同事都急切地告诉你应该怎样对待生活。毕竟,只有当这些目标对你来说很重要时,它们才算重要,因此,你才是自己的首席专家,你才有权决定自己人生的道路应该怎样走。

40～50分:你的得分表明你对自己的生活感到满意。因此,你可能拥有快乐和内心的安宁。正是这种快乐感染并影响了你周围的人,尤其是你的直系亲属。

你是很幸运的一类人,能够找到自己的小天地。你很懂得知足常乐,这正是许多人羡慕你的地方。

第七章

 我们都不完美，
凭什么要焦虑

1.完美本是毒

正如硬币有正反两面，人也会有优点、缺点，没有谁能够成为真正完美的人，因此我们不要用短暂的光阴去盲目地追求完美。事实上，如果一个人要想实现完美，就好比大海捞针，结果只能徒劳无功。

我们不能要求达到生活的完美。因为生活本身就应该有些风浪，而风浪正是我们出航的助力。如果我们生活在一帆风顺中，我们不会增长自己的才干，同时也很难体验到生活的乐趣。

因此，我们发展自己的事业，不要想着一开始就做大事。事实上，事业的起步往往是从小事情做好的。如果一个人觉得小事情琐碎，不屑于做，那么他也不大可能成就大事。任何庞大的机器都是由一个个部件组成,这些部件的运转如何,直接决定了机器的运转。大事情也是由一堆小事情有机组合而成,因此做好小事,就打好了运转大事的基础。

不追求事业的完美,还在于不要想着过于均衡地发展。一个人事业上可能有几个目标,如果你想一并实现,往往是不可能的。

因为你的精力、时间和资源都不够。你唯一能做的就是一个一个地实现,达到动态的均衡。

生活就是这样,不可能完美,也不可能一帆风顺。我们也没有必要追求完美,追求一帆风顺。我们要追求的是适应和驾驭生活的能力,就像我们在大海上,要做的是适应和驾驭那条摇摇晃晃的船。

我们也不能要求达到事业的完美。追求事业的完美的人最容易陷入空谈,因为事业成功的关键因素在于你的资源和你的事业是否匹配。没有资源,一切都是枉然。

哲人说:"完美本是毒。"生活中,如果事事追求完美其实是一件痛苦的事,就如毒害心灵的药饵!世界上总是有很多人坚持完美主义,他们对那个永远不可能实现的目标孜孜不倦,表面上他们多么勤奋和努力,实际上,他们是在浪费时间。

有位伟大的雕刻家就是一位完美主义者,他所完成的雕像,令人几乎难以区分哪个是真人,哪个是雕像。有一天,死亡之神告诉雕刻家他的死亡时刻即将来临。

雕刻家非常伤心,他和所有人一样,也害怕死亡,也不想死亡。他苦思冥想了很久,最后终于想到一个好方法,他做了11个自己的雕像。当死神来敲门时,他藏在了那11个雕像之间,屏住了呼吸。

死神感到困惑,他看到了12个一模一样的人,他无法相信自己的眼睛,从未发生过这种事!从没听说过上帝会创造出两个完全一样的人,这个世界上每个人都是唯一的。

这是怎么回事?死神无法确定自己究竟该带走哪一个?他只能带走

一个……死神无法作决定。带着困惑,他回去了,他问上帝:"你到底做了什么?居然会有12个一模一样的人,而我要带回来的只有一个,我该如何选择?"

上帝微笑地把死神叫到身旁,在死神耳旁轻声说了一句话。

死神问:"真的有用吗?"

上帝说:"别担心,你试了就知道。"

死神半信半疑地来到那个雕刻家的房间,往四周看了看,说:"先生,一切都非常完美,只是我发现这里还有一点瑕疵。"

这个追求完美的雕刻家完全忘记了自己此刻的处境,立即跳了出来问:"什么瑕疵?"

死神笑着说:"哈哈,我终于抓到你,这就是瑕疵——你无法忘记你自己,天堂都没有完美的东西,何况人间。走吧,你的死亡时刻已经到了!"

是啊,天堂都没有完美的东西,何况人间?

你是不是也像这个雕刻家一样,事事追求完美?你是不是总是要求自己在工作上做到尽善尽美?你是不是会因为鼻子上有一块不用放大镜就看不到的斑点而不敢照镜子,甚至要去整容?你是不是在等待一个完美的爱人?你是不是一直渴望交一个没有任何缺点的朋友?你是不是一心要找个待遇好,地位高,又很轻松的单位上班?你是不是在比赛的时候,一定要赢,否则就不参加比赛?别做梦了,你只是在浪费你的时间。

如果你发现花再多的努力,也不会让最后的成果有显著改善,那就别再过度在这项工作花费精力了。当然,这不是让你故意偷懒或不尽力把事情做好,而是你的工作已做得不错,再花更多的时间在上面就是浪费了。对大多数的项目来说,做好95%～98%已经算相当好了。科幻小说作家阿西莫夫就说:"我不是完美主义者,我再回头看自己所写的书时,一点也不会感到遗憾或担心。"

19世纪法国诗人穆塞特曾写下这段话："完美根本就不存在，了解这句话的人就等于了解人性智能的极致，期待拥有完美是人类最疯狂危险之举。"

挂在墙上的画可能会很漂亮，我们可以将其作为艺术品来欣赏，但不要以为我们的生活和人生会真的像画一样，甚至要求自己成为画中的人，那不现实，而且只是徒劳。

"上天是公平的，它赐予每个人以生命与死亡。""上天是不公平的，它赐予每个人以使人羡慕乃至嫉妒的美德，同时也赐予使人抱憾、同情、扼腕等的种种缺陷。"所以，不必苛求完美。

没有人不渴望完美，它看起来是那么美丽诱人，可是你也要清楚，它只是一个永远不可企及的目标，一个美丽的陷阱，如果你执著于追求它，它将会耗费你大量的精力和时间。

2.勇敢承认自己的不完美

人无完人，每个人都会有一些缺陷：外貌上的，性格上的，经历上的……当一个人懂得承认自己的不完美时，他也就真正地成熟起来了。

卢女士已经37岁了，两年前丈夫不幸病故，家里人都执意让她再找一个意中人，热心的朋友也劝她早日结束独身生活。卢女士虽然也看过几个对象，但都没有成功。原因是卢女士和别人见面后，总是先把自己的缺陷和盘托出，暴露无余，令一些人"望而却步"。她的朋友数落她时，她却振振有词："年轻时搞对象都没有装模作样过，老了更不用掩饰，我就是这么样一个有瑕疵的女人，先让对方看清楚点不好吗？"

147

后来卢女士还真找到了一位心心相印的意中人,据说对方在假货遍地、人也爱装假的今天,就是看中了卢女士毫不掩饰、勇于承认缺陷的优点,认为这人有难得的实在。由于卢女士事前把自己的缺陷毫无保留地告知对方,对方"扬长避短",两人配合默契,生活得很美满。朋友们都说,实在人有实在命,卢女士这是用袒露缺陷换来的幸福。

人有缺陷并不可怕,可怕的是刻意掩饰,自欺欺人。卢女士不是这样,在对方面前大胆袒露自己的缺陷,出自于内心的真诚和对别人的信任。她那透明的真诚理所当然也换来了对方的信赖与爱慕。把自己的缺陷袒露人前,也就同时把自己的真诚毫无保留地献给了对方。在日常生活中往往有这样的情况,越是刻意掩饰自己的缺陷,自己活得越累,有时甚至还显得很尴尬。这是因为缺陷是客观存在的,掩饰往往会弄巧成拙。卢女士真诚袒露缺陷的结果,使对方理解她的缺陷,容纳她的缺陷,还有意识地弥补她的缺陷,这正是他们后来生活幸福和谐的基础。

有一个男人,单身了半辈子,突然在43岁那年结了婚。新娘跟他的年纪差不多,但她以前是个歌星,曾经结过两次婚,都离了,现在也不红了。在朋友看来,觉得他挺亏的,这不是一个好的选择,因为新娘身上的瑕疵太多了。

有一天,他跟朋友出去,一边开车、一边笑道:"我这个人,年轻的时候就盼望着能开宝马车,可是没钱,买不起;现在呀,买不起,买辆三手车。"

他的确开的是辆老宝马车,朋友左右看看说:"三手?看来很好哇。马力也足。"

"是的呀!"他大笑了起来,"旧车有什么不好?就好像我太太,前面嫁个广州人,又嫁个上海人,还在演艺圈工作20年,大大小小的场面见多了。现在老了,收了心,没有以前的娇气、浮华气了,却做得一手好菜,又懂得布置家务。说老实话，现在真是她最完美的时候，反而被我遇上了，我真是幸运呀！"

"你说得挺有道理的！"朋友陷入沉思。

他拍着方向盘，继续说："其实想想我自己，我又完美吗？我还不是千疮百孔，有过许多往事、许多荒唐，正因为我们都走过了这些，所以两人都变得成熟，都懂得忍让，都彼此珍惜，这种不完美，正是一种完美啊！"

正因为这位男士能够承认自己的不完美，他才不苛求爱人的完美，结果两个有瑕疵的人才能凑到一起，组成一个幸福的家庭。从某种意义上看，人就是生活在对与错、善与恶、完美与缺陷的现实中，我们既然能从自己非常优秀与完美的现实中受益，为什么就不能从自己的缺陷中受益呢？

缺陷或大或小、或多或少，人人都有。然而，面对缺陷，大多数人是去掩饰。掩饰缺陷也许是人的天性，毕竟能在大庭广众之下袒露自己缺陷的人，实属不多。因此袒露缺陷确实需要勇气，要战胜自己的懦弱，战胜自己的虚荣，还要战胜世俗的偏见。所有这些，没有超人的勇气是万万做不到的。

台湾著名画家刘墉在教国画的时候，经常发现有些学生极力掩饰自己作品上的缺点，有时画得差，干脆就不拿出来了。遇到这种情况，刘墉会对他们说："初学画总免不了缺点，否则你们也就不必学了！这就好比去找医生看病，是因为身体有不适的地方，看医生时每个病人总是尽量把自己的症状说出来，以便医生诊断。学画交作业给老师，则是希望老师发现错误，加以指正，你们又何必掩饰自己的缺点呢？"

我们应该明白有缺陷并不是一件坏事，那些自认为自身条件已经足够好以至于无可挑剔、不必改变现状的人往往缺乏进取心，缺少超越自我追求成功的意志,相反,承认自己的缺陷,正确认识自己的长处与短处,却可以使我们处在一种清醒的状态,遇事也容易做出最理智的判断。

3.做一个适度的"妥协主义"者

在人生中,无论是对待工作、事业,还是对待自己、他人,我们不妨做一个适度的妥协主义者,而不要做一个完美主义者。因为完美主义者有可能什么事情也没有做成,而妥协者却会多多少少有些进展。

每个人身上都有或多或少的缺点,勇敢的人往往缺少智慧,聪明的人往往缺少勇气,豪爽的人往往心思过疏,谨慎的人往往怀疑过头,等等。一种阳光性格的另一面必然是阴影,所以,我们应做一个适度的妥协主义者。

在我们的周围,有这样一些人,他们的智力很高,才智过人,工作能力也很不错,而且又非常勤奋,一工作起来常常什么都有可能忘了。但是,他们就是出不了什么成果,眼看着比他们在各方面都差一些的人成果都十分显著了,而他们却依旧默默无闻。

一般来讲,这种人都是"完美主义者"。

你可能要问:"完美主义"不好吗?回答是:不好。如前所说,这些人之所以不能取得成绩,不能取得人生的成功,不是他们缺少能力,而是他们在做任何事情之前,都不能克服自己追求完美的痴情与冲动。

他们想把事情做到尽善尽美,这当然是可取的,但他们在做一件事情之前,总是想使客观条件和自己的能力也达到尽善尽美的完美程度,然后才会去做。因而,这些人的人生始终处于一种等待的状态。他们没有做成一件事情,不是他们不想去做,而是他们一直等待所有的条件成熟,于是,他们就在等待完美中度过了自己不够完美的人生。

马明就是一个追求完美的人。一天,他想写一篇某一方面的论文,在开始写论文之前,他尝试了几种、十几种及至几十种方案之后才动手去写那篇论文。这么做当然是好的,因为他可能在比较之中找到一种最佳的方案。但是,在开始写的时候,他又发现他所选择的那种方案依然有些地方不够完美,多多少少还存在着一些错误和缺点。于是,他又将这种方案重新搁置起来,继续去寻找他认为的"绝对完美"的新方案,或者,将这一论文的选题又放下,去想别的事情。最终,那篇论文也没能完成。

实际上,天下没有什么东西是"绝对完美"的,马明要寻找这种东西是不可能的。这种人总是不愿出现任何一种失误,担心因此而损害自己的名誉。所以,他的一生都在寻找的烦恼中度过,结果什么事情也没能做成。

如果你不相信这一点,你可能从你的人生档案中找出自己拖延着没有做的事情、没有完成的项目或者课题。这样的事情你可能也会找出一大堆:搬了新家窗帘还没有装,所以没有请朋友来家里玩;这只现价三十元的股票原想等掉到五块钱再买,但它一直掉不到五块钱;等等。

归纳一下你会发现,你一直在等待所谓的条件完全具备,你好将它做得尽善尽美。可是,你会发现社会上同样的事情有些人的方案或者条件还不如你的成熟,但他们的成果已经问世,或者已经赚了一大笔钱,而造成这种状况的原因就是你也患上了"完美主义"的毛病。

这就可以解释,为什么会有那么多表面看起来相当精明能干的人,到头来却一事无成,在人生的道路上坎坷颇多,进退维谷。

在人生中,无论是对待工作、事业,还是对待自己、他人,我们不妨做一个适度的"妥协主义"者,而不要做一个完美主义者。因为完美主义者有可能什么事情也没有做成,而妥协者却会多多少少有些进展。

4.立足不完美,寻找可以开启的梦想之门

现实中,我们之所以做事会半途而废,其中很大一个原因不是因为缺乏能力选择放弃,而是因为觉得心中的愿望距离自己太远。换句话说,我们放弃不是因为失败,而是因为长时间没能获得成功缺乏信心而倦怠。在人生的旅途中,我们更需要的是立足不完美,寻找最可能实现的愿望。

维莱瑞·史璜生活在明尼苏达州的一个小镇里。她在高中的时候在当地的戏剧团里就已经小有名气。面对着这些成就,她决定要在演艺界中开创一片自己的天空。她在当地的大学读了两年书,为了能够让自己拥有一个更高更大的舞台,她决定到纽约的美国演艺学院就读。

在演艺学院里,她的同学有着比她更高的天分,尽管维莱瑞·史璜的学习比较努力,但在竞争中总是失败。当她想起以前小镇上的辉煌时,总觉得那已经不是荣誉,而是变成了一种耻辱。后来,她在回忆这一段生活的时候说:"我过去算是长得还不错,又有一些天分和经验。但是和其他年轻人相比,我并不是个演艺界的好苗子。我烦恼了好几个星期,晚上睡不好,在学院的表现就更糟糕。最后,就在几个月以前,我退学了。我不敢告诉父母,但是我认为自己既然不上学了,就不能接受他们寄来的钱,因此开始找工作,但是我能做什么呢?我没有一技之长可转行去坐办公室或做其他任何工作,因为我过去的一切梦想和计划,都是以演艺为终身职业。"

在经历几次挫折之后,维莱瑞·史璜几乎对生活感到失望了。正当她准备偃旗息鼓回到家乡小镇上的时候,一个就业辅导单位的女士注意到了她,对她说:"你眼前的困难和挫折都是暂时的,你是一个很有天分的

女孩,只是被眼前的假象给迷惑了。""静下心来,好好审视一下自己,看看你的长处到底在哪里,加强你的优点,消除缺点,你就一定能够获得成功的。"维莱瑞·史璜思考了几天之后,发现自己有着很强的交际能力,也有着超常的智慧——至少在学校读书的时候成绩不错,她就开始了加强优点的准备,为明天做出了一个可行的计划。她回到学校继续学业,取得了教师资格证书。在学校里为了挣够学费和生活费,她开始重新学习打字,后来做了一份接待员的工作。她的生活发生了巨大的改变,心情也好了很多。

在我们生活中,有很多人有着宏大的愿望,把自己的生活按照打造帝国的标准来过,最终在遗憾和不甘中度过一生。其实,我们不妨换个思维,先去实现那些容易实现的愿望。这样一来,既能获得成功的喜悦,又能不断接近那个远大的目标。

人的一生,说长很长,将近七八十年,说短也很短,因为很多事情仿佛就在昨天。要是你一味力求完美,力求一步到位,就很可能眼高手低,最后以失败而告终,而你又觉得自己从未成功,所以就陷入挫败的苦楚中,久久不能自拔。因此,我们应该摆正自己的位置,调整好心态,以自身条件为前提,找到那些离自己最近、最容易实现的愿望,然后尽力去实现它们。一次走一步,一步一个愿望,这样就可以增强你的自信心和成就感,减少挫折感,让自己活得充盈。

每一个幸福的人生,精彩的生命,都是从最可能实现的愿望开始,进而一步一个脚印地走向属于自己的成功。立足不完美,找寻你最可能实现的愿望,这才是获取成功、获取幸福的最佳途径。

5.有一只柠檬,就用它做一杯柠檬水

你痛苦过吗?答案是肯定的,痛苦往往给了我们很多警示。小时候,一次不小心打翻了水瓶,烫伤了自己,从此知道了开水可不是好玩的;上学时,因顶撞老师而受到重罚,从此懂得了,要想别人尊重你首先要学会尊重别人;工作时,因自己的过失给公司造成重大损失,而被炒鱿鱼,从此明白了,机会永远是留给准备充分的人。痛苦并不可怕,可怕的是为这些遗憾而难过。

德国哲学家尼采曾经说过:"不仅要在必要的情况下忍受一切痛苦,而且还要喜爱一切痛苦,因为痛苦是人生前进的动力。"我们的人生始终与痛苦相伴,因为有了痛苦这样最好的老师,我们才会从一个懦弱者变成一个坚强者。坚强者把痛苦当作动力,去寻找快乐的彼岸;而懦弱者会在抱怨痛苦的深渊中沉沦,从此与快乐绝缘。

许多伟大的成功者的人生中都铭刻着"痛苦"两个字。他们之中有非常多的人之所以成功,是因为他们在此之前就遭遇到巨大的痛苦,促使他们加倍地努力而得到更多的报偿。正如威廉·詹姆斯所说的:"我们的痛苦对我们是一种持久的帮助。"

如果你是个有梦想的人,而且你已经踏上了追求的人生之途,那你就学着去体验痛苦。你也许会说:"我再不需要痛苦,我体验的痛苦已经够多的了。"

在你追求的人生之旅中,你要试着去做不幸者的朋友,打开你的视野,让你渺小的心灵深深懂得他人的痛苦是多种多样的,在你这种痛苦之外有着千百种痛苦。有疾病的痛苦,有衰老的痛苦,有失去孩子的痛苦,有失去母亲的痛苦,有失败的痛苦,有被朋友出卖的痛苦,有孤独的痛苦,有无人诉说的痛苦……

当你渐渐领略了许多种痛苦后,你头脑要有一条清晰的思维,你不能被这些痛苦所吓倒,你要懂得痛苦是快乐的源泉,是推动你前进的人生动力。

在美国,"钻石大王"彼得森和他的"特色戒指公司"几乎无人不知,无人不晓。彼得森从16岁给珠宝商当学徒开始,白手起家,经历了令人难以想象的艰辛,最后一跃而成为享誉世界的"钻石大王"。

1908年,亨利·彼得森生于伦敦一个犹太人家庭。幼年时父亲便撒手人世,家庭生活的重担落在了母亲柔弱的肩上。迫于生计的压力,母亲携彼得森移居纽约谋生。在他14岁时,作为他生活支撑的母亲也因劳累过度一病不起,亨利不得不结束半工半读的学习生涯,到社会上做工赚钱,肩负起家庭生活的沉重负担。

当亨利·彼得森16岁的时候,他来到纽约一家小有名气的珠宝店当学徒。这家珠宝店的老板犹太人卡辛,是纽约最好的珠宝工匠之一。作为一个珠宝商,他在纽约上层社会的达官贵人和公子小姐中颇有声誉,他们对卡辛的名字就像对好莱坞电影明星一样熟悉。卡辛手艺超群,凡经过他亲手镶嵌的首饰都能赢得人们的赞誉并卖到很高的价钱。

但是卡辛作为珠宝店的老板,又是一个目中无人、言语刻薄的暴君,他对学徒的严厉简直到了暴虐的程度,珠宝店的学徒在他面前无不蹑手蹑脚、谨慎从事,唯恐自己的疏忽和过错惹怒了这个六亲不认的老板。

对于珠宝尤其是钻石的生产而言,最艰苦、最难以掌握的基本功莫过于凿石头。

亨利上班第一天,卡辛给他安排的任务就是练习凿石头,开始了他炼狱般的学徒生涯。根据卡辛的"教诲",一块拳头大小的石头,要求用手锤和斧子打成10块尺寸相同的小石块,并规定不干完不许吃饭。亨利从没有干过这种活,看着这一块石头发呆良久,不知如何下手,唯恐一不小心招来老板的训斥和挖苦。但是他别无选择,只得硬着头皮干。他先把大石头劈成10小块,然后以10块中最小的那块为标准,慢慢雕凿其他9块。虽说石头质地不是特别坚硬,但是层次非常分明,稍不小心就会把石头凿下一大块而前功尽弃,并招来老板的呵斥。

后来据亨利·彼得森讲,尽管老板非常苛刻,但也是为了让他们早日掌握打造石头的要领,因为对于钻石生产而言,打造石头是来不得半点含糊的基本功。老板也是借此来考验学徒们的意志,因为如果过不了这一关,是永远也不能成为成功的钻石商人的。学徒第一天下来,亨利腰酸背痛,四肢发软,眼睛发胀,但依然没能完成老板的任务。

以后的数天里,他简直变成了一台麻木的机器在那里机械地运转,整日挥汗如雨地在那里劈凿。但是后来成就了事业的亨利·彼得森对于卡辛还是充满了感激之情,说如果没有卡辛的严厉要求,他绝对不会成为一个成功的"钻石大王"。

母亲看着孩子日渐消瘦的面容和血迹斑斑的双手,实在不忍心让孩子受这种委屈与折磨。但她知道对于穷人家的孩子,除了靠吃苦谋生外别无选择。在母亲的感召下,亨利也别无选择,并且在心里燃烧起强烈的成功欲望。他相信自己受一些苦难与委屈,并最终能够学到这门手艺。

万事开头难,自己支摊也不是件容易的事。虽然要求不高,只要有一张工作台就可以了,但是在房租昂贵的纽约找一块地方又谈何容易?关键时刻,还是有着互助意识的犹太同胞帮了他的忙。他就是彼得森在珠宝店里当学徒时认识的犹太技工詹姆。

詹姆与他人合资在纽约附近开了一个小珠宝店。彼得森去找他想办法,詹姆他们的小珠宝店很小,约有12平方米,已经摆放了两张工作台。詹姆很热心,看他处境艰难,允许他在这个小房间里再摆一张工作台,每月只收10美元租金。

工作台得到了解决,但是身无分文的彼得森无力预付房租,必须找到活儿干,否则仍然无法生存。

到了第23天,他终于揽到了一笔生意,一个贵妇人有一只2克拉的钻石戒指松动了，需要坚固一下，她在拿出戒指前郑重地问彼得森跟谁学的手艺，当得知面前这个首饰匠是卡辛的徒弟时，她就放心地把戒指交给了他。这对彼得森来说是一个重大发现，想不到卡辛的名字在这些有钱人中有如此分量，他马上想到借助卡辛的名气揽生意。也正是从此开始，他深刻地意识到了声誉的重要性。

尽管自己和师傅之间有一段无法说清的恩怨，但是他从心里还是对老师心存感激。彼得森靠着"卡辛的徒弟"这块招牌干了两三个月，生意不错。这时，西州的一家戒指厂的生产线出了问题，急需一个有经验的工匠做装配。

在听说彼得森的名气后，这家戒指厂商慕名请他去负责，他愉快地接受了这一工作。有很多人慕名来找他加工首饰，他都一一热情接待，把业余时间都用在加工首饰上。当然，他每星期的收入也开始明显增多，有时可赚到170多美元。这样，他一边在工厂工作，一边加工首饰，终于在经济大萧条的年代里渡过了失业难关，生活也得到了极大的改善。

在生活中，不论你处在什么环境中，你每天都会碰到一些人，你对他们怎样呢？你是否只是望望他们？还是会试着去了解他们的痛苦？比方说一位邮差，他每年要走很多路，才能把信送到你的门口，这是不是一种疲于奔命的痛苦呢？比方说一位街角的乞丐，他望着你的目光和破旧的衣裳于他而言是不是一种痛苦？大街上与你迎面走过来的人满脸憔悴，他究竟又有着怎样痛苦的故事？如果会了克服痛苦的方法，就能把这些痛苦转化成人生中的一种快乐。

如果你正处于无法忍受的痛苦之中，那么就请记住这句话："如果有一只柠檬，就用它做一杯柠檬水。"你会因为这杯柠檬水快乐，从而获得更多的幸福。

6.没有了太阳，还有星星

世人都喜欢圆满，有一点缺陷，人们就会闷闷不乐。真实的世界本来就不是圆满的。如果我们一味地要求完美，反而会得不偿失。有这么一句话：当一个人毫无选择的时候，能作出最好的选择；而当人们有很多选择的时候，反而失去了选择，被"完美"的围城狠狠地缠住。

塞尔玛是一个普通的随军家属，一次，她陪伴丈夫驻扎在一个沙漠的陆军基地里。

丈夫奉命到沙漠里去演习，她一个人留在陆军的小铁皮房子里。天气热得受不了——即使在仙人掌的阴影下也有50多度。她没有人可以谈天——身边只有墨西哥人和印第安人，而他们不会说英语。她非常难过，于是就写信给父母，说要丢开一切回家去。不久，她收到了父亲的回信。信中只有短短的一句话："两个人从牢房的铁窗望出去，一个看到泥土，一个却看到了星星。"

读了父亲的来信，塞尔玛觉得非常惭愧，她决定在沙漠中寻找"星星"。塞尔玛开始和当地人交朋友，她对他们的纺织、陶器很有兴趣，他们就把自己最喜欢的纺织品和陶器送给她。塞尔玛研究那些引人入迷的仙人掌和各种沙漠植物，观看沙漠日落，还研究海螺壳，这些海螺壳是几万年前当沙漠还是海洋时留下的……

原来难以忍受的环境变成了令人兴奋、令人流连忘返的奇景。塞尔玛为自己的发现兴奋不已，并就此写了一本书，以《快乐的城堡》为书名出版了。是什么使塞尔玛的内心发生了这么大的改变呢？沙漠没有改变，印第安人也没有改变，改变的只是她的心态，一念之差，使她把原先认为恶劣的情况变为了一生中最快乐、最有意义的经历，塞尔玛终于找到了属于自己的"星星"。

因此,面对生活和工作中的一切,你不能随意给事物定位,认为哪个是你应得的、哪个是你不应该失去的。得到与失去没有什么应该不应该,全在于你自己怎样去看待。

如果为了一颗逝去的流星哭泣,失去的可能是整个星空。换一种心态面对生活,让自己快乐起来,也许会发现,自己得到的更多。

一个女孩活泼、美丽,却不幸身患绝症,据医生诊断,她最多还有10个月的生命。当知道自己的病情以后,女孩所有的欢乐都没有了,她开始拒绝治疗,而且不和任何人说话,甚至连眼睛都不愿意睁开,只是静静地等待死神的到来。

医生说身患绝症的病人如果鼓起生活的勇气,敢于和死亡搏斗,这样也许还有产生奇迹的可能。

家人心急如焚,却无可奈何,直到有一天,一位老人也住进了医院。

"孩子,你看看外面啊!"女孩听到了一个陌生的声音,不由得有些好奇,就睁开眼睛,才发现不知道什么时候病房里又多了一位年老的病人。

"孩子,你应该看看窗外。"老人又说,女孩出于礼貌,就把目光投向窗外。

一丛花儿开得正艳,女孩想起自己美好的青春还没有来得及绽放,就凋谢了,不由得黯然神伤。老人明白女孩的心思,说道:"你看看那棵树。"

挨着病房的楼房一角,生长着一棵树,树很奇怪,叶子稀稀疏疏的,树皮斑驳脱落,树枝很少,而且树身严重扭曲,但是奇怪的是这棵树看起来并不古老,却显得精神百倍。

女孩收回目光,迷惑地看着老人,这样的树有什么好看的。

"你知道它为什么会这样吗?"老人问道。

女孩考虑了一会儿，看着树周围林立的高楼，淡淡地说："大概是修建这些楼的时候弄的吧？"

老人笑了："真是一个聪明的女孩。确实是这样，这棵树已经有几十年的寿命了，许多年前，这棵树跟别的树一样，树干笔直，枝繁叶茂，树皮光滑，但是在修建这些大楼的时候，落下的砖石泥块掉在它身上，于是树皮树枝就成了这样。楼房建好以后，所有的阳光都被堵住了，为了寻找阳光，树干就慢慢开始扭曲，最终就成了这个样子。"

女孩的眼睛再次看向了窗外，那棵历经苦难的树在阳光下依然显得很有活力，虽然磨难重重，可是丝毫没有摧毁它那顽强的生命力。

看着看着，女孩的眼睛湿润了，她似乎明白了什么，"谢谢你，爷爷，我懂了！"在她那因为久病而显得苍白的脸上多了一些微笑。

老人看着女孩说道："天地少了，快乐就少了，痛苦就多了；世界大了，微笑就多了，痛苦就小了。孩子，错过了星星，还有月亮，错过了月亮，还有太阳，就算连太阳也错过了，还有整个天空。一棵树为了生命都还在努力争取每一点阳光，我们何必因为错过了星星而抛弃整个世界呢？"

女孩开始积极配合治疗，她就像那棵不幸的树，尽自己最大的努力去争取阳光，用自己顽强的毅力和死神抗争。

几年以后，女孩还是去世了，虽然她没有为自己的生命创造奇迹，但是她却让医生的死亡诊断一次次落空，直到生命的最后一刻，她还是面带笑容。

在她留下的日记中，有这么一句话："没有了星星，还有月亮；失去了月亮，还有天空。病痛带给了我痛苦，却也让我懂得了人生，在生命最后的日子里，我失去了很多，却也让我明白了很多！"

我们的这个世界，美丽的事物往往有缺憾，诸如维纳斯的断臂、圆明园的残垣。它们并不完美，然而这些令人叹息的缺陷却并未减少它们本身的美丽；相反，它给人以美丽的想象空间，增添了无穷的魅力。所以很多时候，我们相信有一种美丽叫残缺。

美艳无双的西施有心痛之病，才智绝顶的诸葛亮也会霸业难成，勇冠欧洲的拿破仑也会上演滑铁卢之败。没有一件事物可以绝对完美，上帝在安排完美的时候，一定不会忘记残缺，然而残缺又在某种程度上成就了完美。西施因为心痛多了一点我见犹怜的动人；诸葛亮因为大业难成多了一曲千秋悲歌；拿破仑因为滑铁卢的惨败多了一份历史的传奇。

这些都告诉我们，这个世界上，完美与缺憾往往是并存的。如果我们懂得换个角度去看，就能发现缺憾背后的美。

"无言独上西楼，月如钩，寂寞梧桐深院锁清秋。剪不断，理还乱，是离愁，别有一般滋味在心头。"一轮满月当空固然是一种美，可这"月如钩"也是一种美。史蒂芬·霍金，一个"坐在轮椅上的科学家"，仅以三根还能活动的手指保持着与外界的联系与交流，却在中国掀起了一阵阵"霍金热"。伊扎克·帕尔曼，一个坐着轮椅登台表演的国际小提琴大师，凭着一具具有缺憾的钢铁之躯，登上了音乐艺术殿堂的最高峰。拥有先天智障的舟舟，当他沉浸在无穷魅力的音乐海洋中时，俨然成了一切生命的主宰。

缺憾并非真的缺憾。"上帝在关闭一扇窗的时候，也同时打开了另一扇窗。"有人说"我很丑"，换个角度，由表入里，就会发现"我很温柔"。诗人说，"黑夜给了我黑色的眼睛，我却用它来寻找光明"。缺憾，让完美有了前进的方向。如果你是一株幼苗，请不要为自己的稚嫩而自卑，只要坚韧不拔，时间终将让你成长为参天大树；如果你是一条小溪，请不要为自己的渺小而伤神，只要锲而不舍，终将拥抱大海。

人生在世，谁都希望生活完美，但缺憾总是难以避免。面对缺憾，换个角度，就能发现它背后的美。

7.爱人没有最好，只有最合适

张小娴曾经说过："爱上一种味道，是不容易改变的。即使因为贪求新鲜，去尝试另一种味道，始终还是觉得原来的那种味道最好，最适合自己。"

金属锡痛恨自己太软弱，一直都渴望找个办法让自己变得坚强些。锡知道金刚石非常坚硬，它渴望金刚石吸收自己，但却遭到了拒绝；锡又找到了生铁，没想到还是被拒绝了。

屡屡碰壁，锡的心里很难过。它把自己的苦闷告诉了和它一样软弱的金属紫铜："我们都很软弱，谁能帮我们呢？"

紫铜说："锡，你也不要伤心了。如果你不嫌弃的话，我们结合在一起吧！"于是，伤心欲绝的锡投入了紫铜的怀抱。

然而，就在它们结合的那一刻，奇迹发生了。锡和紫铜不再软弱了，它们都变得很坚硬，而且它们还有了一个共同的名字——青铜。

生活中总有这样的情景：一个帅气的男孩选择相貌平平的女孩做女友，一个美丽的女人非要嫁个身材矮小的男人做妻子，一个才华横溢的男人甘愿与一名普通的女工过一生……他们看起来如此不般配，却过得很幸福，甚至实现了"执子之手，与子偕老"的梦想。或许你曾质疑过他们的选择，也曾一度想要知道他们幸福的奥秘是什么？此刻，我相信你已经从上面的寓言故事中找到了你想要的答案。

两种同样软弱的金属物质，结合在一起竟然能够变得异常坚硬，这也暗喻了一点：在爱情和婚姻中，最合适的就是最好的。如果把锡比作女人，把紫铜比作男人，那么这两个最合适的人结合起来，就是幸福。这个道理，我们大多都听过，但不是每个人都能在爱情路上作出正确的选择。事实上，往往都是在亲身经历一些事情之后，才能真正领悟到其中的真谛，不过这也总好过执迷不悟。

在我们一生中，谁是最适合我的人？谁是能与我白头到老的人？我们在面临选择时，总是问自己这样的问题，谁能与我相伴一生？

两性之间的捕捉与追逐是最常见的爱情形式。但爱情是追到手的吗？显然不是。爱情是两个人、两颗心的相互靠近。在你喜欢上他的那一刻，也许他已经喜欢上你了。

真正的幸福，不是寻找到最优秀的人相伴，而是找到最适合的人相随。真正的了解，不是看清他的人，而是懂得他的心。

雨雯是个优秀的女孩，人长得漂亮，工作能力强，身边不乏追求者。不过，雨雯对于选择男朋友的事很谨慎，她的态度就是宁缺毋滥。

雷奥是雨雯大学时代的校友，是个儒雅的男人，他对雨雯一直情有独钟；公司的同事乔安是个事业型的男人，对雨雯也颇有好感。两个人对雨雯都展开了猛烈的追求，周围的朋友劝雨雯选择乔安，说这样的成功男人不可多得；雷奥倒是人不错，可总觉得雨雯嫁给他这样一个平常的男人有点委屈……朋友们的话雨雯听在心里，可她有自己的想法。

在雨雯生日那天，她收到了两份特别的礼物。雷奥和乔安都知道雨雯几天后要参加姐姐的婚礼，于是不约而同地为她买了鞋。乔安送了雨雯一双古奇的高跟鞋，是当下最流行的款式；而雷奥却送了一双普通的、看似有点老气的坡跟凉拖。看到这两份礼物之后，雨雯在心里作出了选择。

朋友们笑雨雯傻："齐安那么有品位的男人你不要，非要雷奥这个'土老帽'。你看看他送的鞋子，怎么能在婚礼上穿呢？"雨雯笑了笑，说雷奥更适合自己。

原来，雨雯的脚一直有伤，每次穿高跟鞋的时候，脚后跟都会疼。在婚礼上,她要给姐姐做伴娘,一天下来肯定会很累,如果穿高跟鞋脚会痛得走不了路,穿坡跟鞋会更舒服一点。雨雯觉得自己在生活中是个粗心大意的人,有时为了工作废寝忘食,她渴望有个人在身边照顾自己,关心自己,这份踏实和细心正是雨雯所需要的。至于乔安,或许他是浪漫的,懂柔情的,但雨雯的世界最需要的并不是这些,她要的是一个贴心的爱人。

有人曾说,爱情就是当你知道对方不是自己所崇拜的人,而且明白对方还有着种种缺点,却仍然选择了对方,并不因为他的缺点而否定其全部。雨雯知道雷奥不懂风情,不像乔安那样了解女人的心思,但她仍旧选择了他,只因为他适合自己。

测试:你是个脾气暴躁的人吗?

假如你美美地睡了一觉,在早上醒来时,你认为闻到什么样的气味,会让自己精神百倍?

A.窗台上花草的芳香

B.浓浓的咖啡香

C.丰盛早餐的香味

D.法国香水的味道

答案:

A.你是个内敛的人,对于很多事情的处理方式不会太激进,因为你明白急躁无法改善困境,因此不会为了琐碎小事而大动肝火,是个比较有修养的人。

B.你的情绪起伏比较大，心情很好的时候，如果遇到烦心事也会不以为意，但如果心情不好，即便很小的事情也会使你大动肝火。

C.你的情绪由你和对方的交情而定，如果对方与你是非常亲密的朋友，你反而很容易因为一些小事而动怒；如果对方和你不熟，你则是睁一只眼闭一只眼，不好意思因为一些小事而动怒。

D.你很少大动肝火，在通常情况下，你很顾及情面，总是和和气气的，不会破坏自己的兴致。但是这并不代表你是好脾气的人，充其量只能说是你的修养不错。如果真的有人碰触到你的禁忌，你会像座爆发的火山一般摧毁周围的一切。

第八章

人生自古谁无死，
莫将身病为心病

1.正视死亡的阴影

就如同大自然的花开花落一样，人的生死就像白天和黑夜一样平常无奇。"人生自古谁无死"，死是万物新陈代谢的必然结果，不可抗拒的自然规律。

但是人们又都有希望生存、不愿死亡的愿望。因此，不论古今中外帝王，还是现代科学家，几千年来都在寻找"长生不老药"。当然，这是无济于事的，现在科学家只能找到抗老防衰、延年益寿的方法，而永远不会找到不死的"灵丹妙药"。所以，有人说："人从生下来就注定要一步一步走向死亡。"

为人世间有情在，所以古往今来人们总是为生离死别而哀伤悲泣，然而,"月有阴晴圆缺,人有悲欢离合,此事古难全"。陶渊明是豁达的,乐观的,所以他能以一语道破生死的问题:"亲戚或余悲,他人亦已歌。死去何所道,托体同山阿。"

对于死亡,过度恐惧反而有损身体,明智的态度就是顺其自然,自由自在的生活。只有真正的修炼者,因为洞悉了永恒的真理与生命的真相,会逐步看淡生死,所以对死亡不会心存恐惧。

许多长寿名人,对死亡都有着大度的乐观心态。

著名佛学家、爱国宗教领袖赵朴初,他对生死看得很透,在病床上还写下了这样的诗句:"生固欣然,死亦无憾。"字里行间充满着辩证唯物主义的生死观,展现了他纯情超然的心灵境界。

南京大学111岁的博士生导师郑集,他专门写有《生死辩》:"有生即有死,生死自然律。"这就是一个百岁老人对死亡的坦然。著名作家孙犁晚年自作无题诗:"不自修饰不自哀,不信人间有蓬莱。冷暖阴晴随日过,此生只待化尘埃。"表现了他对死亡的超然大度。

有句古话,说视死如归,一个人如果能看淡生死,敢于视死如归,确实不是一件容易的事。历史上有两种人达到了这种境界,一种是在修行中历尽劫难沧桑,参透生死,对人生已经大彻大悟;另一种是胸怀高远大志,心有精神大义而能将生死置于度外。

周恩来对死亡的态度非常理性,也非常超脱。他认为,死亡是人生的自然法则,有生必有死,有始必有终。一个人应当不怕死。如果打起仗来,要死就死在战场上,同敌人拼到底,中弹身亡,就是死得其所。如果没有战争,就要努力进取,拼命工作,鞠躬尽瘁,死而后已。

1975年9月,距离他逝世不到半年,在一次外交活动中,话题自然地转到主人的健康上来,周恩来开着玩笑却言辞令人辛酸地说:"马克思的'请帖',我已经收到了。这没有什么,这是不以人的意志为转移的自然法则。"他还欣慰地说:"邓小平同志将接替我主持国务院工作。邓小平同志很有才能,你们可以充分相信,邓小平同志将会继续执行我党的内外方针。"

周恩来不害怕死亡,不企求生命的重复,他唯愿有限的生命迸发出最大的光和热。如果把周恩来的人生观归结为一点,那就是"尽心尽力"的原则,有义务有能力去做的,就一定去做,争分夺秒地去做。尽心尽力了,就不枉为一生,就不会留下什么遗憾。周恩来给世人的印象是,他像负重的"牛",像一架不断运转的"机器",将身体和精神之能力发挥到了极致,正如他所崇拜的偶像诸葛亮一样,鞠躬尽瘁,死而后已。他给历史留下的是一个尽职尽责、辛勤劳作的总理形象。

孔子谓"杀身成仁";孟子曰"舍生取义";司马迁认为"人固有一死,死有重于泰山,或轻于鸿毛"。对死亡的态度恰好是对生的态度的反证。惧怕死亡的人往往在生活中患得患失,忧虑重重;而不怕死亡的人才能乐观进取,力争在有限的生命中创造出无限的事业。

总之,有生必有死,死亡永远伴随着生,相依为命,寸步不离。人的生命同世间一切的生物一样,一旦死亡就不可能再次复生。如果因此而轻视或浪费生命,那也是不可原谅的错误。在死神召唤之前,我们还应充实地过好每一天。

莎士比亚的一段名言,足以令人回味:"懦夫在未死以前,就已经死过好多次;勇士一生只死一次。在我所听到过的一切怪事之中,人们的贪生怕死是一件最奇怪的事情,因为死本来是一个人免不了的结局,它要来的时候谁也不能叫它不来。"

每个人都要顺其自然,正确对待死亡,把死亡看成是人生的必然"归宿"。即使面对死亡,也不会悲观,毋须惊骇,顺其自然,处之泰然。既然死亡不可避免,就应该在有限的岁月里,让生活充满阳光。

2.养生贵在养心

谁不爱惜自己的身体，谁不希望有百年之寿，然而，现代人处于工作的压力和生活的困扰中，常常身心不调，求医治病也只能治愈一时，若是平时不注重调理身心，旧病和新病仍旧会困扰着我们。很多人开始自求于己，于日常生活中调养身心，防患于未然。而除了医疗之外，越来越多的人想要寻求更加自然的养生方式，如运动、食疗，等等。

然而，身心一体，只调养身体还是不够，心病往往比身体上的疾病更折磨人，抑郁症等心理疾病已经成为流行甚广的疾病。"莫将身病为心病"，这是明代思想家王阳明的名言。意思不言自明心理负担过重，心累对身体康健毫无益处。人们常说"肩上百斤不算重，心头四两重千斤"，情绪对健康的影响是极大的，"万病心中生"。

我们常常会有这样的体会，当我们处于良好的心理状态时，自己所做的事也会感到轻松不少，大大地提高体力和脑力劳动的效率；而消极的情绪，如愤怒、怨恨、焦虑、抑郁、恐惧、痛苦等，不久无心做事，如果强度过大或持续过久，还可能导致神经活动机能失调。

一个叫贝特丽丝·伯恩斯坦的老太太，她已经70多岁了，曾两次寡居，但她仍然尽情地生活——探望儿孙，读书、旅行，义务演出，过着快乐的一生。

"我已经过了生命的巅峰，但仍然享受下坡的快乐，做了快9年的寡妇，我为自己创造了一个充实且愉快的生活。我在亚利桑那州立大学一起修课的同学，在我第二任丈夫于1982年被诊断为结肠癌时，成为我的支持团体。"

"借助青年旅行的计划，我和同龄人一起环游世界，他们和我有同样嗜好,也需要伙伴。自退休后,我所进行的最有价值的计划,就是参加'圣约之子'为以色列'活跃退休者'所举办的为期三个月的节约活动。活动中,我在内坦亚的东正教看护中心担任祖母的角色,要照顾从18个月到3岁的小孩子。没错,有时工作很烦很累,但是能提供服务,付出爱以及得到爱,这为我带来一种就像照顾自己亲生孩子般的快感。"

在伯恩斯坦太太76岁生日时,满屋的朋友共同举杯祝福她:"祝您活到120岁!"伯恩斯坦太太的笑绽开了额头的皱纹:"我也许刚好可以活到那么老,就剩下了44岁了。"

人生在世,有数不清的幸福和快乐,亦有许多忧愁和烦恼。健康与快乐为伴,而忧愁却往往会带来疾病。情绪乐观开朗,可使人内脏功能正常运转,增强对外来病邪的抵抗能力。

古人的养生之道,在于宁心养神。《素问·上古天真论》记载:"怡淡虚无,真气从之,精神内守,病从安来。"这就是说,心情平静,不动杂念,疾病便无从发生;这就表明,做到心情舒畅;安然自得,便会延年益寿。

弘一法师曾说:"写字要专心致志,全神贯注,这样能起到静心养性的作用。中国文字有三美:意美以感心,音美以感耳,形美以感目。练习书法时,观摩碑帖、揣其神韵,可以培养审美趣味和审美思想,同时能得到艺术享受,陶冶性情,静心养性。心中狂喜之时,写字可以使人头脑冷静下来;心中郁悒,写字可以使人忘掉忧愁。我以为延年益寿,这算妙方。"

在"人生七十古来稀"的古代,书画家却大都是寿星。唐初"四大书家"的欧阳询活到85岁,以"夫子庙碑"传世的虞世南86岁,写"玄秘塔"的柳公权88岁,等等;近代书法家及画家长寿者更多,如吴昌硕85岁,张大千87岁,齐白石97岁等,2005年9月仙逝的启功活了90岁。

三国时养生学家嵇康认为,养生之道,惟重在养神。何乔远说:"书者,抒也,散也。抒胸中之气,散心中郁也。故书家每得以无疾而寿。"唐代诗人韩愈在形容书法家张旭作书时说道:"喜怒、窘穷、忧悲、愉快、怨恨、思慕、酣醉、无聊、不平,凡有动于心,必以草书发之。"

养生贵在养心,保持愉悦的心情是养生的最高境界。不良心境如同毒草,长期处于其中,无疑会使机体抵御疾病的能力下降,破坏自身的身心健康。因此,无论你处于人生的顺境还是逆境,不妨就常做一下"健心操",学会驾驭心境,将烦闷、孤寂、依赖、内疚等等统统赶走。这样,同样的事物,就会从"无可奈何花落去"变作"人闲桂花落""鸟鸣山更幽"。

3.生命短促,莫为小事烦心

人常常被困在有名和无名的忧烦之中。它一旦出现,人生的欢乐便不翼而飞,生活中仿佛再没有了晴朗的天,真是吃饭不香,喝酒没味,干工作没劲,干事业没心,玩没意思。这一切,只因为我们陷入了多余的忧烦之中。

卡耐基说过:"法律不会去管那些小事情。"一个人有时偏偏为这些小事忧虑,始终得不到平静。

荷马·克罗伊,是个写过好几本书的作家。以前他写作的时候,常常被纽约公寓热水灯的响声吵得快发疯。蒸气会砰然作响,然后又是一阵"哔哔"的声音,而他会坐在他的书桌前气得直叫。

"后来,"荷马·克罗伊说,"有一次我和几个朋友一起出去宿营,当我听到木柴烧得很响时,我突然想到:这些声音多像热水灯的响声,为什么我会喜欢这个声音,而讨厌那个声音呢?我回到家以后,跟自己说:'火堆里木头的爆烈声,是一种很好的声音,热水灯的声音也差不多,我该埋头大睡,不去理会这些噪音。'结果,我果然做到了:头几天我还会注意热水灯的声音,可是不久我就把它们整个都忘了。"

"很多其他的小忧虑也是一样,我们不喜欢那些,结果弄得整个人很颓丧。只不过因为我们都夸张了那些小事的重要性……"

狄斯雷利说过:"生命太短促了,不能再只顾小事。"

"这些话,"安德烈·摩瑞斯在《本周》杂志里说:"曾经帮我挨过很多痛苦的经验。我们常常让自己因为一些小事情、一些应该不屑一顾和忘了的小事情弄得非常心烦……我们活在这个世上只有短短的几十年,而我们浪费了很多不可能再补回来的时间,去愁一些在一年之内就会被所有的人忘了的小事。不要这样,让我们把我们的生活只用在值得做的行动和感觉上,去运用伟大的思维,去经历真正的感情,去做必须做的事情。因为生命太短促了,不该再顾及那些小事。"

下面是傅斯狄克博士所说过的故事里最有意思的一个——是有关森林里的一个巨人在战争中怎么样得胜、怎么样失败的故事。

"在科罗拉多州长山的山坡上,躺着一棵大树的残躯。自然学家告诉我们,它曾经有四百多年的历史。初发芽的时候,哥伦布刚在美洲登陆;第一批移民到美国来的时候,它才长了一半大。在它漫长的生命里,曾经被闪电击过14次;四百年来,无数的狂风暴雨侵袭过它。它都能战胜它们。但是在最后,一小队甲虫攻击这棵树,使它倒在地上。那些甲虫从根部往里面咬,渐渐伤了树的元气。虽然它们很小、但持续不断的攻击。这样一个森林里的巨人,岁月不曾使它枯萎,闪电不曾将它击倒,狂风暴雨没有伤着它,却因一小队可以用大拇指跟食指就捏死的小甲虫而终于倒了下来。

我们岂不都像森林中的那棵身经百战的大树吗?我们也经历过生命中无数狂风暴雨和闪电的打击,但都撑过来了。可是却会让我们的心被忧虑的小甲虫咬噬——那些用大拇指跟食指就可以捏死的小甲虫。

要想解除忧虑与烦恼,记住规则:"不要让自己因为一些小事烦心。"

4.对自己的人生负责

希望成功,追求幸福,是人生的理想。人生如白驹过隙一样短暂,生命在拥有和失去之间,不经意地流淌着。但人生在世比成功幸福更重要的是做人,要对自己的人生负责。

禅院里的花被晒焦了,小和尚提着桶要浇水。老和尚说:"现在太阳大,一冷一热,非死不可,等晚一点再浇。"傍晚,那盆花已经晒成了干菜的样子。小和尚咕咕哝哝地说:"肯定已经死透了,怎么浇也活不了。"

"浇!"老和尚说。水浇下去后不久,已经垂下去的花,居然全站了起来,而且生机盎然。

"天哪!"小和尚喊,"它们可真厉害,憋在那儿,撑着不死。"

老和尚道,"不是撑着不死,是活得好好的。"

"这有什么不同呢?"小和尚低着头。"当然不同,"老和尚拍拍小和尚,"我问你,我今年八十多了,我是撑着不死,还是好好活着? 一天到晚怕死的人,是撑着不死;每天都向前看的人,是好好活着。得一天寿命,就要好好过一天。那些活着的时候浑浑噩噩,天天拜佛烧香,希望死后能成佛的,绝对成不了佛。"

生命对于每个人都只有一次,自己的人生责任没人可以替而代之.一个人如果将这唯一的一次人生虚度了,绝无机会重新选择一次。

"撑着不死"和"好好活着"是有着本质的区别。

　　有个人一生碌碌无为,穷困潦倒。这天夜里,他实在没有活下去的勇气了,就来到一处悬崖边,准备跳崖自尽。

　　自尽前,他号啕大哭,细数自己遭遇的种种失败挫折,崖边岩石缝里长着一株低矮的树,听到他的经历后,也忍不住流下了泪水,跟着"呜呜"地哭了起来。这个人见树也哭了,就问:"难道你也有不幸?"

　　树说:"我是这个世界上最苦命的树,生在岩石的缝隙间,营养不足,环境恶劣,枝干不得伸展,形貌生得丑陋。我看似坚强无比,其实是生不如死呀!"

　　人说:"既然如此,为何还要苟活?"

　　树说:"死倒也容易,但你看到我头上这个鸟巢没有?此巢为两只喜鹊所筑,一直以来,它们在巢里栖息生活,繁衍后代。我要是不在了,那两只喜鹊咋办呢?"

　　人忽有所悟,马上从悬崖边退了回去。

　　其实,每个人都不只是为了自己活着,无论怎么渺小、卑微的人,也是一棵伟岸的树。然而,许多人并不知道自己人生要负的责任,活了一辈子,也没有弄清楚自己在世上的责任是什么。

　　我们只要环顾四周,在你的朋友、同事或邻居中,就可以发现有的人做事,仅仅是为了生存,为了混口饭吃. 有的人活着,纯粹以金钱权位定义自己的人生。有的人一辈子琢磨的就是身边几个人。有的人十分看重别人对自己的评价、看法,谨慎的为这种评价而活着,甚至来决定自己的幸福……

　　某日,无德禅师正在院子里锄草,迎面走过来三位信徒,向他施礼,说道:"人们都说佛教能够解除人生的痛苦,但我们信佛多年,却并不觉得快乐,这是怎么回事呢?"

无德禅师放下锄头,安详地看着他们说:"想快乐并不难,首先要弄明白为什么活着。"

三位信徒你看看我,我看看你,都没料到无德禅师会向他们提出问题。

过了片刻,甲说:"人总不能死吧! 死亡太可怕了,所以人要活着。"

乙说:"我现在拼命地劳动,就是为了老的时候能够享受到粮食满仓、子孙满堂的生活。"

丙说:"我可没你那么高的奢望。我必须活着,否则一家老小靠谁养活呢?"

无德禅师笑着说:"怪不得你们得不到快乐,你们想到的只是死亡、年老、被迫劳动,不是理想、信念和责任。没有理想、信念和责任的生活当然是很疲劳、很累的了。"

信徒们不以为然地说:"理想、信念和责任,说说倒是很容易,但总不能当饭吃吧!"无德禅师说:"那你们说有了什么才能快乐呢?"

甲说:"有了名誉,就有一切,就能快乐。"

乙说:"有了爱情,才有快乐。"

丙说:"有了金钱,就能快乐。"

无德禅师说:"那我提个问题:为什么有人有了名誉却很烦恼,有了爱情却很痛苦,有了金钱却很忧虑呢?"信徒们无言以对。

无德禅师说:"理想、信念和责任并不是空洞的,而是体现在人们每时每刻的生活中。必须改变生活的观念、态度,生活本身才能有所变化。名誉要服务于大众,才有快乐;爱情要奉献于他人,才有意义;金钱要布施于穷人,才有价值,这种生活才是真正快乐的生活。"

一个人在岗位要尽职尽责敬业奉献,在社会要奉公守法,遵守社会公德。在家庭要孝老敬亲爱子。知道了自己的责任之所在,认清了自己在这个世上要做的事情,并且认真地去做,他就获得了一种内在的自觉、充实、安详。人生当中"好好活着"是超乎成功幸福之上更有价值的目标。

5.珍惜时间，不辜负这一遭生命

岳飞在《满江红》里曾说过："莫等闲，白了少年头，空悲切。"如果你总觉得日子很无聊，只好靠去饭店、网吧、游戏厅、KTV等这些场所来打发，真的应该好好想一想，我们究竟为了什么活着？

诗人汪国真说："这是一个古老而又总是富有新意的问题。我不知道别人为什么活着，我活着的目的很简单：不辜负生命。"

什么叫不辜负生命？珍惜时间就是不辜负生命。达尔文曾在给苏珊·达尔文的信中说："一个竟会白白浪费一小时的人，就不懂得生命的价值。"

一天，生病的达尔文坐在藤椅上晒太阳，面容憔悴，精神不振。一个年轻人路过达尔文的面前。当他知道面前这个衰弱的老人就是写了著名的《物种起源》等作品的达尔文时，不禁惊异地问道："达尔文先生，您身体这样衰弱，常常生病，怎么能做出那么多事情呢？"达尔文回答说："我从来不认为半小时是微不足道的很小的一段时间。"

在这个世界上，你真正拥有，而且极度需要的只有时间，时间在生命中是如此重要，而许多人却日复一日花费大量的时间去做无聊的事。

丧失的财富可以通过厉兵秣马、东山再起而赚回；忘掉的知识可以通过卧薪尝胆、勤奋努力而复归；失去的健康可以通过合理的饮食和医疗保健来改善;而惟有我们的时间,流失了就永远不会再回来,无法追寻。

法国著名科普作家凡尔纳每天早上5点钟就会起床，然后一直伏案写到晚上8点。在这15个小时中,他通常只在吃饭时休息片刻。但是他并不会与家人坐在一起吃饭,通常都是妻子给他送到他写作的地方,他搓搓酸胀的手,拿起刀叉,以最快的速度填饱肚子,抹抹嘴,就又拿起笔。

他的妻子看他如此辛苦,就非常心疼地问:"你写的书已不少了,为什么还抓得那么紧?"凡尔纳笑着说:"你记得莎士比亚的名言吗？放弃时间的人,时间也放弃他。哪能不抓紧呢？"

在40多年的写作生涯中,凡尔纳记了上万册笔记,写了104部科幻小说,共有七八百万字,这是一个相当惊人的数字！一些感到惊异的人就悄悄地询问凡尔纳的妻子,想打听凡尔纳取得如此惊人成就的秘诀。凡尔纳的妻子坦然地说:"秘密嘛,就是凡尔纳从不放弃时间。"

富兰克林,美国著名的科学家,《独立宣言》的起草人之一。曾经有人问他:"您怎么能够做那么多的事情呢？"

富兰克林笑笑说:"你看一看我的时间表就知道了。"让我们一起来看看他的时间表吧:

5点起床,规划一天的事务,并自问:"我这一天要做好什么事？"

8点至11点,14点至17点,工作。

12点至13点,阅读、吃午饭。

18点至21点,吃晚饭、谈话、娱乐、回顾一天的工作,并自问:"我今天做好了什么事？"

朋友劝富兰克林说:"天天如此,是不是过于……"

"你热爱生命吗?"富兰克林摆摆手,打断了朋友的谈话,说,"那么,别浪费时间,因为时间是组成生命的材料。"

生命有限,然而,大部分的人却活得单调乏味,过着俗不可耐的日子。

著名的导演兼演员迈克·兰登在去世前几周接受访问时，曾语重心长地说了这么一段话：活着的时候，最好能记住：死亡即将来到，而我们不知道它降临的确切时间。这能让我们随时保持警觉，提醒我们趁着机会还在，要珍惜每一分，每一秒。

如今，想想十年前的事情，仿佛就发生在昨天，十年一晃就过了，而我们的一生又有几个十年呢？你现在要做的事情很多，前进、荆棘、跌倒、受伤……我们永远不会感到无聊，不会是一个无所事事的混迹生活的人。许我们不能使时光流逝的脚步放慢，但是我们可以珍惜时间，不辜负这一遭生命。

6.远离不良生活习惯

人在身强力壮的青少年时代所养成的不良嗜欲，到了晚年是会一并结总账的。年纪是不能赌气的，岁月不饶人，要注意自己年龄的增长，别以为自己永远可以做与过去同样的事。

许多年轻人经常说，年轻就是本钱，他们自认为离死亡和衰老还足够远，所以肆意挥霍青春和健康。

但是在如今社会中，面对越来越激烈的社会竞争，他们的工作压力也越来越大。许多人每天除了繁忙的正常工作之外，往往还有没完没了的交际应酬、没完没了的加班。不仅长时间面对电脑，容易视觉疲劳，而且精神时刻紧张，唯恐落于人后。

好不容易下班了，许多人又无节制地"放松"，用健康换"时尚"，只顾在灯红酒绿、纸醉金迷中恣意挥霍着健康，午夜的酒吧、舞厅、歌厅、餐馆里到处可以看见一个个看起来似乎永远不知疲惫的身影，暴饮暴食、吸烟酗酒及通宵达旦地打牌跳舞、唱卡拉OK是更是成了一些年轻人的家常便饭。他们认为，前五天的劳累用周末的懒觉就可以补回来。

而即使是那些早早回到家里面的年轻人，也没有几个人能乖乖地按时睡觉休息。他们仍旧抱着电脑，网上冲浪、打游戏聊天，暴饮暴食，抽烟，用咖啡浓茶顶精神，长期熬夜。

杭州有位小伙子姓徐，是名不折不扣的宅男。3年前，他大学毕业后，无心工作便开始了宅家生活。小徐是家中独子，家庭经济条件也不错，决定让他在家里休整一段时间再上班。没想到，他一宅，就是3年，每天对着电脑，玩得不亦乐乎。3年里，开始他还偶尔出门会会朋友，但是自己不上班，跟朋友之间的话题逐渐少了，他也就很少出门。在家里，他只喝可乐不喝水，每天都得喝上2大瓶；吃饭更是天天叫外卖宅急送。

一直到上个月，有一天特别热，他突然觉得胸闷难当，被紧急送入了医院。医生发现，本来小伙子的心脏应该特别强壮，可是小徐的心脏却像老人一样虚弱，大面积心肌已经因为缺血梗死。尽管医生紧急进行了手术，但因为缺血时间过久，已经给心脏肌肉留下了不可逆转的损伤。

"年轻时拿命换钱，老了拿钱买命。"这句话被很多人用来调侃自己的生存状态，可现实远比这残酷许多。近年来，年轻人猝死时有发生，不少正值风华正茂的青年，突然之间香消玉殒。

年仅24岁的淘宝女店主在睡梦中猝死。"猝死"这两个字再次提醒年轻人，即使你有钱也不见得来得及买命。

女店主是一位青春、美丽的女孩子。据了解，她本将在今年10月步入婚礼殿堂。她最近一面在忙着经营网店，一面在忙活结婚装修房子，同时又在减肥。她曾发微博称自己身体不舒服，却不肯停下忙碌的工作。管店、客服、进货、做模特、设计，一条龙全部自己扛上身，经常通宵熬夜。医生用了一切可能用到的办法,依然没能挽留住这个年轻的生命。

　　某项调查显示:人的健康寿命,40%在于遗传和生存的环境条件,60%取决于生活方式。而目前职场人平均日工作时间为8.66小时,平均每天睡眠7.33小时,每周休闲时间为20.5小时。大部分职场人每周锻炼身体的时间甚至不到一小时。

　　"身体是自己的,再忙再累也要注意休息,不要再透支生命。"一位医生说,"现在的年轻人太不把身体当回事了,曾经有一位大学生在课堂突然晕倒,送到医院已经停止了呼吸。千万不要以为死亡离你很远,当你透支自己的身体时,死神可能就在你身边徘徊。"

　　健康永远是最重要,而年轻人往往要等到疾病缠身时,才意识到健康对于人生的重要,可惜这时候健康往往早已经被他们透支殆尽,后悔也已晚矣!许多人,纵使有满身才华,遗憾的是,没有健康的身体。因此,尽管抱有远大的志向却无法实现,空留下壮志未酬的惆怅。

　　哲学家培根从小体弱多病,所以他在晚年著作其论说文集时专门写了一篇《论养生》的文章。"人们在少壮时代,天赋的强力可以忍受许多纵欲的行为。这些行为将记在你的账上,到了老年的时候是要还的。"培根在《论养生》中首先告诫人们:"留心你的年岁的增加,不要永远想做同一事情,因为年岁是不受蔑视的。"

　　所以,年轻人要自觉地建立其有利于健康的生活方式,远离不良生活习惯,保持良好的心态。不要把个人的成功与否捆绑在金钱、权利、地位上,应该寻找更多自我满足的地方,端正生活态度,积极主动地锻炼,合理安排三餐,保持身体的健康,健康快乐地赚取明天。

7.活着,就是幸福的

人的一生总会经历很多事情,这些事情有的让你喜,有的让你忧,有的让你仰天大笑,有的则让你垂头叹息。其实,细细想来,这些都算得了什么? 因为,在这生与死并存的世间,只要活着,我们就是幸福的。

1991年11月7日,当时32岁的NBA名将"魔术师"约翰逊在湖人记者招待会上宣布退役,因为他感染了艾滋病病毒。19年过去了,约翰逊依旧积极地生活着,也努力与病魔抗争着。

约翰逊一直接受着鸡尾酒疗法,将病情控制在稳定的范围内。作为三个孩子的父亲和丈夫,他在家人的陪伴与支持下全身心投入到工作中,管理着一个不小的商业王国,其资产比退役时增加了近20亿美元。2001年,他成立了魔术师约翰逊发展公司,拿下了洛杉矶城市里一块没人要的地,建造了魔术师约翰逊剧院。又说服了众多大商家入驻,一个新的商业中心逐渐成形。2006年,他又大胆收购了一家著名的连锁餐厅。现在他的产业除了剧院和餐厅外,还包括一家制片公司以及湖人队5%的股权。

除了经商外,他把所有的时间投入到篮球和公益活动当中,他曾担当一家电视台的NBA嘉宾主持;经常参加以篮球为主题的公益活动;他还曾与姚明一同出演了一部防治艾滋病的宣传教育片……虽然这个病无法完全摆脱,但是约翰逊说:"我从来没有把自己当病人,我感觉好极了。我庆幸自己活着,每一天都活着,每一天对我来说都是节日。我活着,也是为了告诉那些患有艾滋病的人,要自强不息,要积极面对每一天。"

疾病和灾难的发生是无法预料的,生命的流逝是无法挽留的,所以我们应该怀着感恩的心珍惜每一天的生活。

亲爱的朋友，如果你早上醒来发现自己还能自由呼吸，你就比在这个星期中离开人世的100万人更有福气了。

如果你从来没有经历过战争的危险、被囚禁的孤寂、受折磨的痛苦和忍饥挨饿的难受……你已经好过世界上5亿人了。

联合国"世界粮食日"数据显示：世界上每7个人中仍有1人在挨饿；全球有36个国家目前正陷于粮食危机当中；全球仍有8亿人处于饥饿状态。在发展中国家，有两成人无法获得足够的粮食，而在非洲大陆，有1／3的儿童长期营养不良。全球每年有600万学龄前儿童因饥饿而夭折！

如果你的银行账户有存款，钱包里有现金，你已经身居于世界上最富有的8％之列！如果你的冰箱里有食物，身上有足够的衣服，有屋栖身，你已经比世界上70％的人更富足了。

如果你的双亲仍然在世，并且没有分居或离婚，你已属于稀少的一群。

如果你能抬起头，脸上带着笑容，并且内心充满感恩的心情，你是真的幸福了——因为世界上大部分的人都可以这样做，但是他们却没有。

如果你能握着一个人的手，拥抱他（她），或者只是在他（她）的肩膀上拍一下……你的确有福气了——因为你所做的，已经等同上帝才能做到的治疗了。

如果你能读到这段文字，那么你更是拥有了双份的福气，你比20亿不能阅读的人不是更幸福吗？

看到这里，你是否发现，自己其实还是蛮幸运的人呢？

古人笔记小说中有一首《行路歌》："别人骑马我骑驴，仔细思量总不如，回头再一看，还有挑脚夫。"语言虽浅，却足以醒世。

记住，你的存在，本身就是一种幸福。

测试：你对年老时的生活有何担忧？

一个富翁在去世前留下遗嘱，把他生前的房产都赠送给了你。可在你搬进去住时，却发现这座房子某个地方不对劲，请选出一个你认为有问题的地方。

A.在阁楼的储藏间，像藏有什么东西

B.在地下室，像有什么机密

C.有一个房间的门怎么也打不开

D.窗户太小，光线不足

答案：

A.你担心自己年老后会得痴呆症。屋顶阁楼象征人的头部，你周围是否有亲人患上疾病，让你忧心忡忡？

B.你担心年老后不能再享男欢女爱。地下室象征性爱，你很重视性，所以有此担忧。从医学上来说，人到耄耋之年仍不失性能力，关键要不丧失性趣。

C.你担心年老后为子女劳碌。打不开的房门象征家族关系，也许你自己的家庭在你心里留下了阴影，时而浮现脑际，致使你产生老后的不安。

D.你担心年老后视觉与听觉不听使唤。引进声光的窗户象征人的耳目，也许你的眼睛和耳朵曾有过毛病，但是也不必过于担心，只要平时注意饮食就可以了。

第九章

 诸般不美好，
均可温柔相待

1.批评是伸向你的一根跳杆

俗话说："脊背上的灰我们是看不见的。"自己的毛病如果没有别人指出来自己也是不知道的。他人的批评正是我们改进的良机。有人把批评比作"伸向我们的一根跳杆"，因为我们只有面对批评，并不断跳跃过它们的时候，才能越来越优秀。

松下幸之助曾经说过：有人骂是幸福。任何人都是因为挨批挨骂，才能向上进步。挨骂挨批的人，应有胆量把别人的责骂当作自己追求上进的依据，这样的批评才能产生效果。如果对受到批评反感，表示不愉快的态度，就失去了再次接受良好意见的机会，以后我们的进步也就停滞了。

在罗斯福任美国总统期间,当他去打猎的时候,他就会去请教一位猎人,而不是去请教身边的政治家。反之,当他讨论政治问题的时候,他也绝不会去和猎人商议。

据说有一次,他和一个牧场工头外出打猎,他看见前面来了一群野鸭,便追过去,举起枪来准备射击。但这时那个工头早已看见不远的地方还躲着一头狮子,忙举手示意罗斯福不要动,罗斯福眼看野鸭快要到手,于是对他的示意没有理睬。结果,狮子听到枪声后跳了出来,窜到别处去了。等到罗斯福瞧见,再赶紧把他的枪口移向狮子时,已经来不及开枪,只好眼睁睁地看着它逃跑了。牧场工头瞪着眼睛,向他大发脾气,骂他是个傻瓜、冒失鬼,最后还说:"当我举手示意的时候,就是叫你不要动,你连这点规矩也不懂吗?"

面对牧场工头的责骂,罗斯福竟然接受了,并且以后也毫不怀疑地处处对他服从,好像小学生对待老师一般。他深知,在打猎问题上,对方确实高他一筹,因此,对方的指教于他确是有益处的。

别人批评我们,大多时候是因为我们确实存在缺点,很多人在批评我们的同时,也经常会给我们一些意见。这样,我们所受的批评越多,进步的良方也就越多。由此可见,善于听取他人的意见,对于事业的成功是十分有益的,有时甚至是非常必要的。

曾经红极一时的电影演员迟志强,在影坛崭露头角之后,便恣意享乐,一意孤行,虽然师友领导多次苦苦规劝,但他却仍然固执地"走自己的路",最终触犯刑律,锒铛入狱;河北某青年不听朋友劝告,竟在一个不足300人的闭塞的村庄建起一座能容纳800人的电影院,结果是"门前冷落鞍马稀",最后电影院不得不改做养猪场……

查尔斯·卢克曼是培素登公司的总裁,每年花一百万美金资助鲍勃·霍伯的节目。他从来不看那些称赞这个节目的信件,却坚持要看那些批评的信件。他知道他可以从那些信里学到很多东西。只要是善意的批评，我们都应该勇于接受，乐于接受。

有时候，我们确实有可能受到不公正的批评，这时，我们也应沉住气，采取正确的处理方式，不年轻气盛，以错对错。

有一个企业，提前做好了人事调整的安排，老总跟秘书讲，千万不能透露消息，以免提前影响到大家的情绪。秘书同意了。

但是后来，很多人不知怎么竟然得知了公司的调整安排。在开会时，老总毫不留情地批评了秘书，说他向员工泄露了人事安排等事。老总的措辞有些严厉，秘书不能接受，他感到非常生气、非常丢面子，年轻气盛的他情急之下跟老总顶了两句，讲了一些过火的话："大不了我就不干了！我根本就没泄露！"

公司里的其他员工都为他捏了一把汗。谁知老总并没有开除他，而是把他叫尽自己的办公室里，耐心地对他说："我冤枉你了，是我不对。但以后，千万不要出现这样的情况了。无论批评正确与否，都要抱着'有则改之，无则加勉'的态度，耐心地听进去，有什么出入也要心平气和地讲清楚，怎么能一批就跳，意气用事呢？"

听了老总的话，他大受感动，主动承认了自己的错误。他同时还明白了接受不公正的批评也是一种有修养的成熟表现。

西方谚语说："恭维是盖着鲜花的深渊，批评是防止你跌倒的拐杖。"因为自尊心在作祟，人们大都不喜欢受到批评，但只有接受批评才能不断让自己进步，并且找出自己的弱点加以改正。爱因斯坦非常看重他人的批评，他承认百分之九十九的时候他都是错的。面对批评，我们首先要控制情绪，理智分析，有则改之无则加勉。

接受他人的批评不是不相信自己，而是更加勇敢，更有自信的表现。人本来就是学习型的生物，一个自信，勇敢的人乐于听从别人的意见，一方面是勇敢的承认自己的不足，另一方面也是自信能够从别人的意见中吸取到经验，寻找更多良方，寻找更好的处理事情的方法。

2.挑剔的人，促使你不断完善自己

生活中，总有很多人看我们不顺眼，用尖酸刻薄的话来侮辱刺激我们，我们把这样的人当成敌人。然而，有位名人说过："我们敌人的意见，要比我们自己的意见更接近于实情。"如果有人批评我们，这时不要先替自己辩护。仔细思考敌人的话到底对不对，如果看我们不顺眼的人所指出的我们的错误确实存在，我们反而应该感谢他们。

当然，感谢看自己不顺眼的人非常困难。但这么想想可能就想通了：每个人都会遇上你一见就不喜欢的人。同理，你也会遇上一见就不喜欢你的人。你有原因不喜欢对方，对方也有。这下，被别人看不顺眼，嫌弃了，这里面就有了值得你注意的问题。一般来说，喜欢我们的人会包容我们的缺点，所以在他们眼里，我们是完美的。但是，不喜欢我们的人，因为看不顺眼，所以总是会揪着我们的错处和短处，动辄得咎。不管怎么说，我们总是有短处和错误的，改掉就是了。

职场菜鸟章珊觉得前辈讨厌自己，根本不给她安排工作，就连开会也把她当成透明人。章珊不明白是什么原因，每天惴惴不安。原来半个月前，章珊当着上司的面，指出了前辈方案的缺陷。作为新人，章珊的行为使前辈的受尊重感受挫，还给人留下了爱出风头的印象，也难怪会被同事们孤立。怎么和上司或者同事相处，什么话该什么时候说，怎么说，什么事情该做，怎么做都是一门学问。后来，她想明白了这一点，逐步改掉缺点之后,同事们的关系也逐渐好转了。

黄希虽然工作勤恳,但是能力不高,老实固执,上司对他很不满意,安排的工作是最初级的,涨薪幅度也是最低的。意识到这个问题后,黄希决定给自己充电,多学一点新鲜的知识,让自己快速发展。他明白:上司或者同事看你不顺眼,有时候不是无缘无故的,除了你能力不足,还可能是你不会待人处世。你不想被人冷落,那就审视自己,提升自己。

不同的人站在不同的立场,会有不同的看法。有时候,我们需要站在别人的角度上看看自己。自己果然做错了,那必须改正。需要注意的是,这并不是要我们被别人的意见所左右,被那些闲言碎语所影响,做事应当坚持主见。别人的评价有对有错。我们要做的是其中对的、值得我们去改变自己的那部分。其他的,我们无需改变,比如,有的人看见别人的发型就讨厌,这样挑刺的人,没有必要理会。

职场上也有"爱之深责之切"的事情,就是我们常说的"激将"。

秦风工作不在状态,大意之下丢了几个本应该拿到的客户。上司为了激励他反思和上进就把他"冻起来"了。然而,秦风却觉得整个公司从上到下都看他不顺眼,一咬牙就准备辞职。拒绝正视自己的不足,这个缺点还会跟着他。

看我们不顺眼的人,促使我们不断完善自己。明白了这个道理,就应当正视他人的批评和冷言冷语,不断纠正自己,对批评我们的人说声"多谢指点"。真正对看自己不顺眼的人做出谢谢的表现,能更加完善自己的人格。

李特尔是18世纪德国地理学开创人之一,他慷慨地提拔年轻的批评者弗勒贝尔的故事是感人至深的。

李特尔非但不嫉恨和打击这位鲁莽的批评者，反而把他的批评文章推荐给一个著名的学术刊物，而且他本人还在公开发表的评论里，对这位青年学者的"敏锐头脑"和"真挚思想"大加赞扬。后来弗勒贝尔来到柏林，李特尔还热情接待，为他安排当时他极为需要的工作。一位受人尊敬的学术权威，如此对待一位毫不客气地批评他的后生，是否会使那些害怕甚至敌视批评的人觉得汗颜呢？

面对看我们不顺眼的人，与他们争得面红耳赤没有任何意义，最后说不定还会成为别人说三道四的把柄。不如表现得优雅些，我们做得好，没必要争，别人看得清楚，我们做得不好，就说声"感谢"。

西方谚语说："恭维是盖着鲜花的深渊，批评是防止你跌倒的拐杖。"听惯了谀辞的人常常狂妄自大，只有虚心接受批评的人，才能改正缺点，提升自己。所以，我们必须虚心接受批评，正视看我们不顺眼的人，让不顺眼变成一面矫正自我的明镜。

3.陷害你的人，唤醒你冷静明智的头脑

初入职场，很多人都会有一种感觉：工作后，生活没有学生时代那么单纯美好了。学生时代，可能也会有一点儿不高兴的事情，但工作后，人们的利益纠纷多了起来，"心眼"也都长了不少。被别人打了小报告，结果别人说的全是捏造；熬夜找资料，却遭到无中生有的批评；被别人散布谣言，说贪污公款……此类被陷害的事情，可能屡见不鲜。

人们都说办公室斗争非常黑暗，别人有心或者无意多说一句话，就

可能有人要遭殃。背黑锅，当替罪羊，被骂被炒，都不在话下。一个小职员摊上这种事情的时候，苦水也只能往肚子里咽，没有人能够出头来主持公道。

女孩汪萱，刚毕业，英语很一般，但在外企里当助理。一次，她把一份重要材料弄丢了，如果不及时找回，项目的进度就会被拖慢。好在资料第四天就找到了，项目进度也没受影响。

这事情本可以不上报，但是平日里就看她不顺眼的张姐表示这件事要往上报，连上报的邮件都写好了。汪萱想资料已经找到了，上司知道顶多怪自己没有保存好。她看过邮件，觉得没问题就同意发送了。谁知，邮件刚发，汪萱就被上司叫到办公室里臭骂了一顿。

问题就出在这封英文邮件上。关于丢文件这件事，英文应该用一般过去式表示，但是邮件里却用的是现在完成式，这下意思就变成了"文件丢了，还没有找回来，结果项目进度被拖慢了"。

被诬蔑、攻击、造谣，生活中可说无奇不有，在有利害关系、人际关系复杂的职场、商场和官场里，对手的设套，敌人的故意栽赃，更是难以预防。有心计的人，哪怕是用一个简单的英语时态，一个不注意签错了的名字，都可以为他人挖一个陷阱。

怎么办？抱怨？愤怒？找人对质？找上司陈述冤情？运气好了，有票据、文件或证人能帮你解围，运气不好，那真的是会遍体鳞伤。有时候，哪怕有证据帮助自己解围了，也不会换回上司的一个好脸色，因为人家毕竟是上司。面对无法辩驳的诬陷，甚至有人选择以死证明自己的清白。结果，死了的人不但丧失了挽回事业、家庭的机会，那些怀疑他的人反而都会认为他是畏罪自杀的，人生的清誉越发变浊。

虽然说："我们不可能让所有人都满意。"但是，在职场中，我们每个人的声誉都还是非常重要的，尤其是被别人诬陷，上司也误会了我们的时候,我们的职场生涯可能会就此打住,甚至丢失了饭碗。

马上就该升职的李丽,受到同事散步谣言,说最近工作总不认真,偶尔还贪污公款。明明没有的事情,但是上司还是决定暂停李丽的升职。查来查去,半年后,清白是有了,但是这件子虚乌有的事情却让她的职场生涯蒙上了阴影。

当一个人受到陷害时,不能一味忍让,而是要抓住机会证明自己的清白。

刘颖把自己的策划案交给上司,上司觉得非常满意,然而,某个同事悄悄给上司发了个邮件,说:"刘颖的创意是抄袭其他同事的。"整个邮件描述的细节绘声绘色,上司便信了。于是,刘颖受到了极其严厉的批评。

面对上司的不满和经常主动帮助自己做工作的好姐妹兼同事的那份策划案,她哑口无言,没有办法证明自己的清白。让她感到伤心的事,自己的好姐妹竟然做出这种事情!

但她在这件事情里得到了教训,后来,她在做另一个案子的时候,明面上还是和那个同事一起做,但是暗地里她把早就做好的策划书交给上司。这次,同样的事情,再次发生,她才得以证明了自己没有抄袭。

正是由于陷害我们的人,我们的理智头脑才得以被唤醒。当一个人被陷害的时候,越是要谨言慎行,智慧冷静地分析问题,不要气急败坏。很多人面对上司的无端指责,往往会失去理智地随意指责他人,或者说上司不辨是非,颠倒黑白,这种"太岁头上动土"的行为会更加让自己失去信任。他人陷害我们,我们便多学了一样本领。

进入职场,那种有什么说什么的纯真学生时代就过去了,对周围人事都要清醒冷静。"害人之心不可有,防人之心不可无",怀疑人很累,但是如果不去怀疑，不留个心眼，那么等你遭遇了"陷害门"事件，那就更累了。

自己去做什么工作的时候，为自己多留一份备份，多告诉一些同事自己的做事过程，别人帮助的时候，考虑一下别人的企图，对任何同事都做到热情……多观察周围的人和事，万事多留个心眼，没有坏处。

4.欺骗你的人，也给了你一次深刻的教育

不少人以为只要自己坦诚相待，就能换取他人的真心。这是未出茅庐的幼稚看法。有人说："人心比万物都诡诈。"确实如此，在社会上混，不知道什么时候，什么地点，就能遇见骗局，而初入社会的人，因为见识较少，很难识破骗局，但在一次次骗局中，我们却能吸取经验，锻炼自己的识人眼光。

一个发现自己被骗的人，往往咬牙切齿，多年之后，都可能对骗子怨恨难消，提起骗子依然咬牙切齿。但经过被骗的洗礼之后，便大多不会受到同样的欺骗了。

新闻报道，黑车司机张军与研究生陈丽结识14天，就领取了结婚证。

陈丽是某大学研三学生，2月份，她要回成都过年，搭上了36岁的黑车司机张军的车。两人聊天很合得来。下车时，陈丽要付车钱。

张军却说："只要你的手机号码。"

陈丽便把手机号留给了张军，两人聊来聊去，张军便向陈丽表明了爱意，并请她到江津玩儿。陈丽来到江津，张军带她四处游玩儿，没几天就向她求婚了。2月22日，两人竟到民政局领了结婚证。之后，他们在酒店里住了几天，张军紧接着就失踪了。

陈丽后来无法找到他，便根据他在婚姻登记处填写的住址，找到了张军的老母亲。她没想到的是，张母完全不知道儿子结婚，还说儿子去年才离婚。她常年在外打工，没什么文化，也联系不上儿子。陈丽觉得被骗，在找不到张军的情况下，向法院起诉离婚。

法院工作人员联系上在广西某建筑工地打工的张军，张军称，"我生病了不能回来，你们让她帮我把在工地上欠的钱还清了，我就同意离婚。"

法院审理后认为，两人从相识至结婚仅14天，婚后生活仅两天，没能建立起真正的夫妻感情，婚后也无子女、无共同财产和债权债务，遂依法缺席判决准予陈丽与张军离婚。

受到如此欺骗，怎能不长见识？一腔热情却遭遇感情欺骗，肯定伤透了心。事后，陈丽说这次的经历和教训，虽然会摧毁了她对美好爱情和婚姻的向往，却也让她知道了世界的复杂和人心的叵测，让她学会了保护自己。

在被欺骗后，我们的内心会在瞬间成长，再也不是单纯无知、迷茫幼稚的小孩子了，而是拥有智慧、能保护自己的大人了。这就是成长和蜕变。

被人骗，如果对方是自己最亲密最信任的人，感觉会更加痛苦，感觉就好像不小心吃到只苍蝇般，大倒胃口。但是，吃了苍蝇之后，便知道了苍蝇的恶心，同理，被骗过之后，便记下了骗子将要骗人时的迹象或者前兆，长了这样的经验，就不会被类似的骗局骗到了。

一个单纯的人，不经世事，总会把事情想象得很美好，不防备丑和恶。有个男孩千里迢迢到陌生的城市见网友，却被网友偷光了钱、骗走了手机；大学刚毕业的新人，第一份工作就被老板骗，试用期快结束时就赶人，骂骂咧咧地给几百块钱当安慰；爱上网的人，以为是中了大奖，占了大便宜，谁知对方的花言巧语不过是障眼法，你汇过去的钱不过是打水漂……

要完全了解一个人的心,恐怕比海底捞针还难。被欺骗了,只能说我们对这个人和他的内心认识得不够深,只能说我们的阅历还少。没有防人之心,那我们只能被人骗了之后还帮人数钱。

假如没有小欺骗的遗恨,怎么能够增长眼界,避免大的骗局呢?因此,生活中,受到一些小小的欺骗时,不必纠结悔恨,为打翻的牛奶哭泣毫无益处,不如总结骗子的骗人方法,吃一次亏,让自己长一次记性。事情既然已经成为定局,那为打翻的牛奶哭泣,也毫无益处。这次的经历并不是没有意义。这一次所失去的东西,钱财或者感情,就当作为学到知人知心的学费吧。

只有愚蠢的人才会被同样的骗局欺骗两次,只有可怜的人才会被同一个人连续骗过。憎恨曾经欺骗或者伤害过我们的人,那只不过是拿别人的坏处惩罚和折磨自己。有时候,还要记得感谢,因为他们的欺骗给我们上了刻骨铭心的一课,在无形之中增长了我们的社会阅历。

5.失败的爱情,是一个成长的机会

有个失恋的女人说:"经历过这段感情后,我才发觉自己以前根本不懂得爱。以为是爱,其实只不过是对伴侣不停的要求,要求自己被宠爱,要求对方服从……以前总是觉得自己是受害者, 觉得永远是他的错,辜负了我的一往情深。但是,我后来发现自己错了,他不是没有为我付出,是我辜负了这段感情。"

不懂爱情的姑娘总是喜欢另类的异性。比如,喜欢上发型古怪、成绩不好、脾气暴躁的人。而喜欢的理由则是:就是喜欢你的与众不同。然而,经历过爱情伤痛后变成熟的人则会说:让这种男人见鬼去吧!

失败的恋情，首先是一种不幸，但是随后却是一种幸运。一个人能经历一段失败恋爱的旅程是有福的，他能从固执、迷乱、痛苦到开悟、平静和喜乐。这样的爱，没有白费生命和青春，而是为我们带来了最大意义——让人获得成长的机会，变得更加成熟。

张晨是一个模范丈夫，他很懂得爱他的妻子。但这一切都源于一段失败的爱情。大学时，名不见经传的张晨赢得了系花胡玥的芳心。这大大满足了他的自尊心，甚至使他有了吹牛皮的资本。他说："就是这种虚荣心断送了我和胡玥的幸福。这就是年少轻狂吧。"

五年后，虽然胡玥的父母看不上张晨，几次逼他们分手，但是胡玥还是顶住了父母的压力和张晨订了婚。

一天晚上，张晨和几个同事喝酒，酒酣耳热之际，不知谁起头说："就不信你和胡玥感情就真那么铁？不信就打赌，从现在开始你冷落她一个月，看她还跟不跟你好？"张晨头脑一发热就答应了，赌注是一顿饭。

谁知，当晚胡玥突然来找他，听大家说起打赌的事情，胡玥当时的脸色就白了，眼神也不对。可张晨在哥们儿面前不好示弱，又喝了酒，就只是装作满不在乎。僵持了很久，胡玥张口想说什么，却什么也没说，只是将订婚戒指拔下来掷还给了张晨。

后来的张晨说："当时为了面子，我连一句挽留的话都没有说，她是含着眼泪离开我的。从那以后，她再也没有原谅我。"

拿千金不换的爱情赌一顿饭，用满足虚荣来碾碎恋人的心，这是不成熟。后来，张晨成熟了，他说道："我想清楚了另外一件事，当你拥有一份感情的时候，你一定要用心去对待它。"

初恋往往无法成功，是因为不成熟，没有能力让那场恋爱生存下来。据说，初恋结婚成功率只有千分之三。思想的不成熟和冲动导致了很多恋情无疾而终，甚至成为了伤痛的过往。所以，赵本山小品里说："初恋，根本不懂爱情。"

有人说："一个人至少有三次恋爱的经历。"《前度》的导演麦曦茵说："每一个前度，都是一次成长。"爱情的失败让我们发现了自己的缺点，有了接受和改变自己的机会。感谢那些相爱过的人，他给过我们的不仅是爱，还有让我们成长的机会，让我们明白什么是爱。

不懂事的时候，觉得恋爱就是简单的两情相悦，喜欢就好。而这样单纯的爱，往往走不到尽头，或者到了最后被现实打磨得七零八落。唯有经历过几次，我们才知道自己想要的是什么，才能选一个适合的人地老天荒。这就是经历后的成熟。

李连杰曾经在《艺术人生》里谈及自己和前妻的婚姻。他说："因为太早出名了，很小的时候又不知道感情是什么，就知道这个女孩漂亮，那个女孩对我好，就这么简单。"

李连杰表示第一次婚姻的失败在于对爱情的不成熟，没有为爱付出。他曾经说："以前觉得被爱幸福，那是年轻人的想法，真正进入生活的时候，你爱他人的感觉真的是快乐的。……我觉得是你付出他也付出，他付出你也付出，就是彼此这样不断付出。"

有人说："离过一次婚的男人是个宝。"原因是经历过失败的爱情的人更加成熟。这也正是现在很多女孩子找对象都更愿意找一个比自己大一点的成熟的男人的原因，她们明白和同龄或者比自己小的交往你只能像照顾弟弟一样纵容忍受着他。而一个比自己大的男人，更沉稳、懂生活、有内涵，会更懂得照顾女人、经营家庭，更可能过一辈子。

台湾漫画家朱德庸说过的一句话非常好："失忆、失恋、失婚以至我们在爱情里所受的苦，都不过是一块跳板，令你成长。"失败的恋情是人生的一段经历，从中有所成长，这样才能对得起下一个真的珍惜自己的他。因为成长之后的爱情，才是更圆融的爱。

一次失败的爱情就是一次成长的机会。失恋并不可怕,可怕的是在失恋的泥淖中不能自拔。

6.人生最大的礼物是宽恕

好胜心和自尊心人人都有。但在人际交往中,对一些非原则性问题根本没有必要计较。可有些人却不这样想,总是对一些皮毛问题争得不亦乐乎,非得说上点儿什么,谁也不肯甘拜下风,说着就较起劲来,以至于非得决一雌雄才肯罢休,结果大打出手,或者闹得不欢而散。此时若能给朋友一个台阶,满足一下他的自尊心和好胜心,不但可以使友情得以加深,还能显示出你的胸襟之坦荡、修养之深厚,以及绰约柔顺的君子风度。

有不少冲突都是由于一方或双方纠缠不清或得理不饶人,一定要小事大闹,争个胜负,结果矛盾越闹越大,事情越搞越僵。为人处事时,最好得理也要让三分,用宽容之心待人。

人生活在这个大千世界中,需要处理好人与人之间的关系,更需要与朋友友好地相处。如何才能做到这一点? 通俗地说,必须用一颗善良的心来对待一切,时时检点自己,也就是要严以律己;同时,对人要宽容,得饶人处且饶人,也就是宽以待人。

一个人的成功很大程度体现在事业的成功上,而事业的成功则一半取决于人际关系的成功。在复杂的社交场合里,表现得太激烈,容易惹来麻烦;表现得太柔弱,又无法使自己占有一席之地。聪明的人要运用社交手腕得到好人缘,而得到别人的肯定,要学会如何与他人"以和为贵"地相处。

这里提到的"和"字,不失为一种处世的根本原则。释放自己,原谅别人,就是善待自己;宽恕别人的过失,就是自己的荣耀。最幸福的人生,就是能宽容与悲悯一切众生的人生。只有宽恕,才能得到真正的自由。和婉的语气,使人感激;心存宽恕之心,才能令人怀念。所以,理直要气"和",得理也要饶人。

社会生活无论多么复杂,说到底都是由人际交往组成的。它犹如一张网,每个人都是这张网上的一个结。不论自觉不自觉、愿意不愿意,人每时每刻都要处理各种各样的人际关系。给别人留一些余地,自己将得到一片蓝天;给别人留一条后路,自己才会有宽阔的前途。与人方便,与己方便,这是一种气度,更是一种做人处世的艺术。

岁月总会留给记忆一些东西,很多不关注的事物会随着岁月的流逝而慢慢淡出我们的视线。很多时候,争强好胜未必是好的处世态度,有些事情不必非要弄个水落石出。

世界并非只有黑白是非之分,现实是多样化的,必须去适应,而不是等待它变化。委屈、忍让,是必须经历的,也几乎是人人都经历过的。从最初的张扬、心直口快、好胜,渐渐过渡到明白这些所谓的性格并不能适应这个现实的世界。有时候,对了不必炫耀,错了也不必沮丧,心知肚明即可,不必过于计较。计较除了增加心中的诸多不快之外,什么好处也没有。

人生最大的礼物是宽恕。宽容是剔除了心中的私欲和杂念后的淡泊明志,是推己及人、以德报怨。宽容体现了人类超凡的爱心,没有爱心,谈不上宽容。试想一下,一个对世界漠然、对生活失望、对他人冷酷、斤斤计较、易怒、易恨、易嫉妒的人,怎能做到宽容呢?

清朝时期曾有这样一个故事:有两个山东人是邻居,却因相邻的一尺宅基地打了8年的官司。这两家都要盖房子,其中一家先盖,后盖的这一家就说对方占了他家一尺宽的宅基地,于是两家争执不休,最后闹得对簿公堂。因为地亩的账册不清，两家一口气打了8年的官司。这两家在开始的时候都十分富裕，之后却弄得是两败俱伤、负债累累。

后来其中一家人听说自家有一表亲在京城做了大官，心想：这下好了，找到这个靠山，我们的官司就赢定了！于是就叫仆人去京城送信。这个大官原是懂得情理之人。看了书信后，沉思良久，写了一封回信——"邻里本比远家亲，一尺宅基生纷纭；待人以宽原是福，和睦相处笑胜金；方寸之墙起祸殃，让他三尺又何妨？万里长城今犹在，不见当年秦始皇！"两家后来传看了这封信，最终握手言欢。

这就是宽容的力量。宽容是一种高贵崇高的境界，是精神上的成熟、心灵上的丰盈。

当然，宽容更是一种生存的智慧、生活的艺术，是看透了社会、人生以后所获得的那份从容、自信和超然。随着经济社会的快速发展，人们的生活节奏在不断加快，工作压力也在不断加大。如果人人都能多一点诚恳，多一份宽容，就会多一份理解，多一份真善，生活中的酸甜苦辣也将化作五彩乐章。

7.以德报怨，感谢折磨你的人

"佛说原来怨是亲"，纵使别人怨恨我们，我们都要拿他当自己的亲人，都要感谢他。为什么呢？因为没有他人制造的"磨难"，我们的心就无从提高。

一位老人，为了让儿子们多一些人生历练，便对他的三个儿子说：

"你们三人出门去,三个月回来,把旅途中最得意的一件事告诉我。我要看你们中哪一个所做的事最让人敬佩。"之后,三个儿子就动身出发了。

三个月以后,三个儿子回来了,老人就问他们每人所做的最得意的事。

长子说:"有个人把一袋珠宝存放在我这里,他并不知道有多少颗宝石,假如我拿他几个,他也不知道。等到后来他向我要时,我原封不动地归还了他。"老人听了之后说:"这是你应该做的事,若是你暗中拿他几颗,你岂不变成了卑鄙的人?"长子听了,觉得这话不错,便退了下去。

次子接着说:"有一天我看见一个小孩落入水里,我救他出来,他的家人要送我厚礼,我没有接受。"老人说:"这也是你应该做的事,如果你见死不救,你心里怎能无愧?"次子听了,也没话说。

最小的儿子说:"有一天我看见一个病人昏倒在危险的山路上,一个翻身就可能摔死。我走上前一看,竟然是我的宿敌,过去我几次想报复,都没有机会。这回我要制他于死地可以说是不费吹灰之力,但是我不愿意暗地里害他,我把他叫醒,并且送他回了家。"老人不等他说完,就十分赞赏地说道:"你的两个哥哥做的都是符合良心的事,不过你所做的是以德报怨,彰显出良心的光芒,实在是难得。"

做该做的事,仅仅是不昧良心,但做到原来不易做到的事,却显出心胸的宽广仁厚。常人要想成就一番事业,都得经过九九八十一难,更何况我们追求的心灵修行? 你若能悟,就能把加害、诽谤你的人当作亲人。

学会宽恕别人的过错,就是学会善待自己。仇恨只能永远让你的心灵生活在黑暗之中;而宽恕却能让你的心灵获得自由,获得解放。宽恕别人的过错,可以让你的生活更轻松愉快。

佛经中有句话说:"佛印的心宽遍法界,即心即佛。"这句话是号召僧众要懂得宽恕,这样才能具有佛心,求得佛果。关于宽恕,有位作家说:"当一只脚踏在紫罗兰的花瓣上时,它却将香味留在了那只脚上。"

有一个国外案例说的是：一位名叫卡尔的卖砖商人，由于另一位对手的竞争而陷入困难之中。对方在他的经销区域内定期走访建筑师与承包商，告诉他们：卡尔的公司不可靠，他的砖块不好，其生意也面临即将歇业的境地。

卡尔对别人解释说，他并不认为对手会严重伤害到他的生意。但是这件麻烦事使他心中生出无名之火，真想"用一块砖来敲碎那人肥胖的脑袋作为发泄"。

"有一个星期天的早晨，"卡尔说，"牧师讲道的主题是：要施恩给那些故意让你为难的人。我把每一个字都记下来了。就在上个星期五，我的竞争者使我失去了一份25万块砖的订单。但是，牧师却教我们要以德报怨，化敌为友，而且他举了很多例子来证明他的理论。当天下午，我在安排下周日程表时，发现住在弗吉尼亚州的我的一位顾客，正因为盖一间办公大楼而需要一批砖，而所指定的砖的型号却不是我们公司制造供应的，但与我竞争对手出售的产品很类似。同时，我也确定那位满嘴胡言的竞争者完全不知道有这笔生意。"

这使卡尔感到为难，是需要遵从牧师的忠告，告诉给对手这项生意，还是按自己的意思去做，让对方永远也得不到这笔生意？

到底该怎样做呢？

卡尔的内心挣扎了一段时间，牧师的忠告一直盘踞在他心里。最后，也许是因为很想证实牧师是错的，他拿起电话拨到竞争对手家里。

接电话的人正是那个对手本人，当时他拿着电话，难堪得一句话也说不出来。但卡尔还是礼貌地直接告诉他有关弗吉尼亚州的那笔生意。结果，那个对手很是感激卡尔。

卡尔说："我得到了惊人的结果，他不但停止散布有关我的谎言，而且甚至还把他无法处理的一些生意转给我做。"

卡尔的心里也比以前感到好多了，他与对手之间的阴霾也获得了澄清。

以德报怨，化敌为友，这才是你应该对那些终日想要让你难堪的人所能采取的上上策。

当你的心灵为自己选择了宽恕别人过错的时候，你便获得了一定的自由。因为你已经放下了责怪和怨恨的包袱，无论是面对朋友还是仇人，你都能够报以甜美的微笑。佛法中常讲究缘分，在众生当中，两个人能够相遇、相识，那便是缘分。当你因为仇恨而与别人相识，不可否认的是，在你的心里已经牢牢记住了对方的名字，如果你因为整天想着如何去报复对方而心事重重，内心极端压抑，那么倒不如放下仇恨，宽恕对方。或许，因此你可以多一个可以谈心的好朋友。

我们再恨的人，如果有一天能找回自己的本心，踏上修行之路，他们所做的一切坏事，都会如同裤脚上的泥土一样，抖一抖就全掉了。如果他们真的能为自己的错付出足够代价，天都原谅了他，我们又有什么可以责怪他的呢？

以德报怨，充满爱的精神，我们才能找到心灵的家园。

测试：你能走出人生的低潮吗？

人生也有潮涨潮汐，不可能总是高潮的，也会有低潮的时候，自然界一切都是合理的，那是生命的必然。在生命中出现任何起起落落，你都能在很短的时间内接受吗？你能在陷入低潮时积极地寻求解决的方法，快乐地面对，并迅速从低潮中走出来吗？

假如现在是秋风萧瑟的季节。一对情侣坐在公园的亭子里聊天。不久，女孩开始流泪，这时一阵秋风吹落了枯叶。请接着想象一下后来的情形，并选出一个最接近的答案。

A.女孩流着泪说"再见"，然后离去……

B.女孩一直默默注视着枯叶，直到眼泪流完为止，等恢复平静之后，说了一句"再见"，然后离去。

C.女孩一直注视着男孩，凄婉地说："我走了，你好好照顾自己。"然后踩着落叶离去。

测试结果：

选A：争强好胜型。

这种类型的人有天生不服输的个性，即便是陷入低潮时，也能尽最大的努力，替自己争取到相当利益。因此，可以先为将来早做准备，多充电或结交各种朋友，或许在你摆脱低潮的时候，这些都能对你有很大的帮助。

选B：坚强自省型。

此种人一旦陷入低潮时，会耐心等待恢复正常，或是研究最好的对策。与其勉强想挣脱困境，倒不如静待心情慢慢转好。人生总是会遇到挫折，相信在逆境中得到的启示必能发挥最大的作用。

选C：善解人意型。

此种人一旦陷入低潮时，有感而发，反而更能包容别人的弱点和缺点。他们能透过自己的困境，培养对他人的包容力。因此，他们可以把人生的低潮当成成长的契机。

第十章

 闲看庭前花开花落，
漫随天外云卷云舒

1.始终保持一颗平常心

不以物喜，不以己悲，是一种大智大慧的境界。

塞翁失马，焉知非福，有时候将得失看得太重，就会失去平常心，这样反而不美了！

前秦氏族人苻朗所撰《苻子》记载：传说夏王太康时，东夷族的首领名叫后羿（并非尧帝时射日之后羿），是一位百步穿杨的神射手。夏王听闻后，非常欣赏他的本领，于是便派人招他入宫来给自己表演。

夏王带他到御花园里找了个开阔地带，叫人拿来了一块一尺见方、靶心直径大约一寸的兽皮箭靶，用手指着说："今天请先生来，是想请你展示一下精湛的本领，这个箭靶就是你的目标。为了使这次表演不至于因为没有竞争而沉闷乏味，我来给你定个赏罚规则：如果射中了的话，我就赏赐给你黄金万两；如果射不中，那就要削减你一千户的封地。现在请先生开始吧。

后羿听后脸色不定，呼吸紧张局促，而后乃引弓射箭，没想到竟然没有射中。如此，后羿变得更加急躁了，他再次弯弓搭箭，但结果却射得更偏。

夏王对大臣傅弥仁说："这个后羿，射箭是百发百中的；但对他赏罚，反而就不中靶心了，这是何故呢？"傅弥仁说："高兴和恐惧成为了他的灾难，万两黄金成为了他的祸患。人们若能抛弃他们的高兴和恐惧，舍去他们的万两黄金，那么普天之下的人们都不会比后羿的本领差了。"

后羿因为失去了平常心，所以没有得到他应该得到的，反而失去了他不该失去的东西！

天下熙熙皆为利来，天下攘攘皆为利往，人活在世上，无论贫富贵贱，都不免要和名利打交道。

乾隆下江南时游历金山寺，看到山脚下大江东去，百舸争流，于是便问高僧："你在这里住了几十年，可知道每天来来往往多少船？"高僧答："我只看到两只船。一只为名，一只为利。"这真是一语道破天机。

得失随意，宠辱不惊！平常心，虽然只是简单的三个字，但却是人们常常难以跨越的一道鸿沟。六祖慧能曾说："本来无一物，何处惹尘埃。"这种超脱凡俗、超越自我的境界，正是对待平常心的深刻体悟。

用平常之心，看待不平常之事，则事事平常。在现实当中，许多人往往缺乏平常心，以名利作为追求的目标，以金钱和权利作为人生幸福的标准。为欲所惑，贪图享乐，最终陷入欲望的泥沼而无法自拔。

1977年，年仅23岁的林海峰在名人战中挑战坂田荣男，结果出师不利,首局败北。输掉先手后,林海峰失去了自信,于是,他去找师父吴清源请教。当时,吴清源对他说:"你现在最需要的是要有一颗平常心。老天对你已经很厚了,23岁就挑战名人,这已经是多少人梦寐以求也达不到的成就了,你还有什么放不开的呢?"说完,吴清源还特意题写一幅"平常心"的字送给他,林海峰因此大悟。随后连胜3局,四胜二负战胜了坂田荣男,成为历史上最年轻的围棋名人。

林海峰还说过,自从那次之后,他再也没有因为输棋而难过了。因为他关注的不再是输赢得失,而仅仅是围棋本身。

世人很难做到一心一用,他们穿梭在利害得失之中,被世间浮华宠辱所迷惑。他们在生命的表层停留不前,因此而迷失了自己,丧失了"平常心"。要知道,只有将心灵融入世界,用心去感受生命,才能找到生命的真谛。

人们的欲望总是无止境的,总是期望得到更多,我们还未成佛,所以我们做不到功名利禄一切随他去,也无法成为真正的自在人,重要的是,你是否能一直坚守自己的本心不失。

即便我们做不到完全的"淡泊名利",但至少我们的双眼不要被"乱花"所迷! 做到适度追求名利,时常地去修剪自己的欲望。

2.以出世的心做入世的事

洪应明在《菜根谭》中直抒胸臆:"宇宙内事,要力担当,又要善摆脱。不担当则无经世之事业,不摆脱则无出世之襟期。"意思是,世上的一切事情,要勇于承担,又要善于摆脱。不承担的话就没有立世的资本,但是,如果一直深陷世俗生活，也就丧失了脱离尘世的情怀。身处名利场中，应懂得休闲放松，然后以更充沛的精力投入到工作中去。如果你有非凡的才能，为什么不贡献于社会呢？我们应"以出世的心态，做入世的事情"，即用出世的态度或精神，来做入世的事业。

"入世"就是把现实生活中的利害、得失、恩怨、情仇、成败、对错等作为做人做事的基本准则。做事谋生，积极主动，用有限的人生追求无限的成就。当一个人入世太深，陷入烦琐的事物之中，把实际利益看得过重，难以超脱出来冷静全面地看问题时，就需要有点出世的精神。

"出世"就是做人不能太拘泥于现实、太苛求利益，要以平和的心态对人对事，既要全力以赴，又要顺其自然。站得高一点，看得远一点，对有些东西看得淡一些。这样才能排除私心杂念，以这种出世的精神去做入世的事业，就会事半功倍。我们活在现实中，要生存，要讲入世，但我们精神上要出世，保持内心的平静。

做人首先要有出世的心态，有了出世的心态，知道人生的一切不过是过眼烟云，就会把身外之物看淡，豁达、潇洒，了无牵挂。这样容易心态平和，自然也就能有所成就、找到快乐。但如果只停留在这一层面上，那就未免有点"消极"了。如果只是一味地出世，一味地冷眼旁观，而不想去做一点实际的、入世的事情，到头来只能是空耗日月。所以还要入世，尽自己的能力做事，尽最大的努力去做好，不仅仅是为自己，更重要的是为他人。

张载和程颢都是北宋的儒学大师。有一回张载想程颢提了一个问题，他说，人们在安静时容易做到心性不乱，但是一旦遇到事情和压力，就很容易失去方寸。如何让一个人在忙忙碌碌之中保持从容自得、心性不乱呢？

程颢觉得他的问题问得很好，于是就专门写了一篇文章回应张载，他认为，我们之所以一遇事便乱，是因为人生太在意事物的结果，这种在意，让我们对于外界的因素过于敏感，心情时刻随外界的波动而波动，以至于一旦遭遇挫折或失败，心情就开始惶恐了。

要真正做到不为外物所累，关键在于提升我们自身，要开阔我们的心胸。如果我们的胸怀博大到足以容纳所有事物，自然就能够做到"静亦定，动亦定"。这篇文章便是后世广为流传的《定性书》。

世间之事总是摆脱不了恩怨、情欲、得失、利害、成败、对错。正所谓"当局者迷，旁观者清"，有的时候，我们太过于注重得失成败，不但没有丝毫的益处，反而会因为患得患失出错，相反，若是能够看淡得失，排除私心杂念，以出世的精神去做入世的事业，反而会事半功倍。

一天，一个大户人家的庭院中，两人仆人正在闲聊。

仆人甲问："为什么每天看到你都是心事重重的呢？"

仆人乙叹了口气说："我每天都做那么多的事，总是会担心，要是做不好，做错了怎么办？你呢，你为什么每天都这么从容呢？"

仆人甲答："因为我从来都不担心。"

两人的对话正好被路过的主人听到了，主人心想仆人乙每天担心事情做不好，说明他用心了，仆人甲从来都不担心，说明他没有把事情放在心上，他心中暗暗地赞赏仆人乙，对仆人甲则有些不满。因此，他决定要重赏仆人乙。

于是，主人到后院找自己的夫人，对他说："一会儿我会派人去给你送酒，你一定要重重赏赐那个送酒的人。"夫人虽然不明白他的意思，却还是答应了。

接着，主人把仆人乙招来，随手拈来自己喝过的半杯酒说："你把这半杯酒给夫人送去。"

仆人乙接过酒后，心中暗自琢磨："主人府上的酒有千桶万桶，为什么让我把这喝剩的半杯酒送给夫人呢？夫人看了会发火吗？"由于他心不在焉地想着事情，结果一不留神撞在了门外的立柱上，顿时脑袋上被磕了个大包。

仆人乙本来就担心自己给夫人送酒会被斥责，现在弄成自己鼻青脸肿就更加失礼了，说不定夫人会把自己直接赶出家门。可是不去的话，又怕主人怪罪自己，恰巧这时，仆人甲过来了。于是他恳请仆人甲帮忙把酒给夫人送去。仆人甲也没有多想就接过酒杯。

后院里，夫人正在等候送酒之人，见仆人甲送酒来，就将所有的赏赐都给了他。

现实生活中，凡是那些整天想着功成名就的人，生活大多都十分辛苦，一天到晚为了名利，在世俗尘劳中辗转沉沦。最后的结果，往往弄得自己吃也不得安宁，睡也不得安宁。一个人入世太深，久而久之，当局者迷，陷入繁琐的生活末节之中，把实际利益看得过重，注重现实，囿于成见，难以超脱出来冷静全面地看问题，也就难有什么大的作为。所以我们才需要一点出世之心，顺其自然，以平和的态度对待事物，不要苛求结果的完美。

当然，所谓出世并不是让我们彻底地隔离世间，一个人在世上，只是一味地出世，一味地冷眼旁观，一味地看不惯，一味地高高在上，一味地不食人间烟火，而不想去做一点实际的，那并不是真正的出世。我们所提倡的出世，是一种态度，是解放你的思想，这么做的一切，都是为了更好地入世，更好地面对世间的一切事物。

以出世的态度做入世的事情，告诉我们应放下心中的杂思妄想，珍惜时光，积极主动地把眼前的每一件事都看成大事，扎扎实实地把它做好。在世俗中应尽自己最大的努力，不以权力、财富、名望为追求目标，而讲求修身、养德、济世，用来成就自己，造福他人。

世事纷纭，易生浮躁，我们要以超然的心态做事谋生。跳出自我，超越自我，才能更好地看清自我，以出世的心态做入世的事。我们应在"出世"和"入世"之间保持平衡,让事业、家庭、个人修为之间达到和谐,这样即使不能大成,也会收获快乐人生。

3.万事随缘,顺其自然

"随遇而安,顺其自然",这好像是现代人非常爱说的话,并奉其为做人的圭臬。生活中,许多时候我们越是强求某人某物,越是得不到,反而会与之离得更远。那么此时,我们就应凡事随缘,不去刻意强求。

"随缘"中的"随"不是跟随,而是顺其自然,把握机缘,不怨恨,不急躁,不强求,不过分;随是一种达观,是一种洒脱。缘是什么? 世间万事万物皆有相遇、相随、相乐的可能性;有可能即有缘,无可能即无缘。"随缘"不是因循苟且地随便行事,而是随顺当前的环境因缘,从善如流。会做人者通情达理、能圆融做事,这样才能够达到事理相融。

一所禅院里,草地已是一片枯黄,小和尚看到了,就焦急地对师父说:"师父,快撒点草籽吧!"师父不慌不忙地说:"不必着急,空闲时我去买一些草籽撒上,急什么呢? 随时!"

过了一段时间,师父买来了草籽,交给小和尚,说:"去把草籽撒在地上吧。"小和尚一边撒,草籽一边随风飘走了不少。小和尚十分惋惜,师父劝慰他说:"没关系,吹走的多半是空的,撒下去也发不了芽。担心什么呢? 随性!"

草籽撒完后,许多麻雀飞过来专挑饱满的草籽吃。小和尚看见了,又惊慌地说:"这下完了,草籽都被小鸟吃了!"师父坦然地说:"没关系,草籽那么多,小鸟是吃不完的!"

这天夜里,忽然下起了大雨,小和尚暗暗担心草籽会被冲走。第二天清晨,他跑出去一看,发现地上的草籽果然都不见了。于是他懊丧地对师父说:"师父,昨晚的大雨把地上的草籽都冲走了,怎么办才好?"师父从容地说:"草籽被冲到哪里就在哪里发芽。随缘!"

不久,许多青翠的草苗果然破土而出,原来没有撒到的一些地方居然也长出了许多青翠的小苗!小和尚高兴地对师父说:"师父,太好了,我种的草长出来了!"师父听了,点点头说:"随喜!"

上例中的禅师懂得凡事随缘,不去刻意强求,反倒因此别有一番收获。佛家的精髓是顺应自然,虫子吃了菜,就让它吃去吧,它吃饱了自然就不会再来了。

随缘是一种进取,是智者的行为。

当我们遇上难越的坎儿、难过的关,与其百般思量,不如顺其自然,反倒能够柳暗花明。无论缘分有多深多浅,多长多短,得到即是一种福分。人生苦短,缘来不易,我们都应该好好珍惜,并洒脱地对待生命的每一个人,每一段缘。

林徽因堪称旷世才女,她曾经被才子徐志摩苦苦追求,但后来由梁启超牵线,林徽因成为梁启超的儿子、著名的建筑学家梁思成的恋人。

1931年梁思成从外地回来,林徽因很困扰地告诉他:"我现在很苦恼,因为我同时爱上了两个人,不知道怎么办才好!"梁思成非常震惊,他知道另外一个人是金岳霖,一种无法形容的痛苦涌上心头,他一夜无眠,翻来覆去地想:徽因到底和谁在一起会比较幸福?他虽然觉得自己在文学、艺术上有一定修养,但金岳霖作为著名的哲学家、逻辑学家及教育家,自己是远远不及的。

第二天,他平静地告诉林徽因:"你是自由的,如果你选择了老金,我会为你们祝福的。"后来这些话传到了金岳霖的耳朵里,金岳霖回复林徽因："看来思成是真正爱你的,我不能伤害一个真正爱你的人,我应该退出。"从此他们再也不提这件事,三个人仍旧是好朋友,经常在学业上互相讨论、促进。有时梁思成和林徽因吵了架,金岳霖总是想方设法让他们重归于好。

从此,金岳霖再不动心,为了林徽因他终生未娶,待林梁的子女如同己出。

梁思成和金岳霖是真正领悟了爱情真谛的人,他们能尊重所爱之人的选择,给爱人自由。这种宽广心胸和洒脱性情让人肃然起敬。

爱随缘,静观缘起缘落,静待缘聚缘散。只有懂得爱随缘,才不会因缘起爱至而欣喜若狂,也不会因缘尽爱去而痛不欲生,更不会疯狂追求,勉强示爱,给对方或自己带来不必要的伤害。我们起码应该学会如何去爱自己所爱的人。当爱情无缘时,不如洒脱放手,让对方更幸福,同时也让自己更轻松。

随缘,是一种洒脱,是一种成熟,是对现实正确、清醒的认识,是对人生彻悟之后的精神解脱。拥有一份随缘之心,你就会发现,岁月天空无论是阴云密布,还是阳光灿烂,人生之旅无论是曲折多艰还是顺利畅达,心中总是会拥有一份平静和恬淡。

4.心若静,处处皆风景

俗话说"静以修身",静是一种修养,静可以养性、养心。静既指内心的平静、平和,不患得患失,又指外部环境的安静、和谐。静源于理性,但静又是生产理性的前提,静给人提供了反思自我的机会。

自我修养的玄机在一个"静"字，当一个人心静如水时，其心境犹如明镜一尘不染；考虑事情就会发现真理。静让人安于本分，不至于随波逐流；心静才能追求永恒，静是实现人生价值的根本。

拥有平静的心态，能使人看穿迷茫而清醒地认识自我，寻找内心的宁静与安详。困惑与挫折，失落与忧虑，烦躁与不安，这些都只是人生中的小插曲。唯有平静的心才能带给我们安宁和乐趣，才是人生的真谛。对于每个人来说，平静的心态都是非常重要的。平静是对人生、对社会呈现的一种境界，也是一种不可或缺的修身哲学。

唐代著名禅师慧宗酷爱兰花，因而在平日弘法讲经之余，花费了许多的时间栽种了数十盆兰花。一天，他又要去远行弘法讲经，便吩咐弟子看护好兰花。在这段期间，弟子们都很细心地照顾着兰花。不料，一天深夜，狂风大作，暴雨如注，偏偏当晚弟子们一时疏忽，将兰花遗忘在户外。第二天，弟子们望着倾倒的花架、破碎的花盆、憔悴的兰花，后悔至极。

几天后，慧宗禅师返回，众弟子忐忑不安地上前迎候，准备领受责骂和惩罚。谁知得知原委后，慧宗禅师泰然自若，神情依然是那样平静安详。他宽慰弟子们说："我种兰花，一是希望用来供佛，二也是为了美化寺庙环境，不是为了生气而种兰花的。"就这么一句平淡无奇的话语，令在场的弟子们肃然起敬，如醍醐灌顶，备受感动……

禅师之所以看得开，是因为他虽然喜欢兰花，但心中却无兰花这个挂碍。因此，兰花的得失，并不影响他心中的喜怒。既然事情已经出了，生气也没用，何必还要用生气乱了心情，坏了情绪呢？平和的人，其玄机在一个"静"字，"猝然临之而不惊，无故加之而不怒"，冷静处人，理智处事，身放闲处，心在静中。

心灵深处如果平静如水，无风无浪，那么，无论在哪里都有青山绿树的生长。《菜根谭》指出："人心多从动处失真。若一念不生，澄然静坐；云兴而悠然共逝,鸟啼而欣然有会。何地非真境,何物无真机。"意思是,人心是因为容易浮动才失去纯真的本性,如果一点杂念都不生,清静祥和地坐着,和飘过的云朵一起消逝在天边,从雀跃的鸟声中领会自然的奥妙,那么人间哪里不是仙境? 何处不蕴含着自然的机趣呢?

心性原是不受任何拘束的,只是因为太浮躁所以失去了真性。只要心中没有杂念,保持宁静的心情,就可以和白云一起飘游到天边,就可以领略大自然的千般美景。生活中处处充满玄机,处处都是真境,关键在于我们能不能去领会。

我们选择不了生命,但我们可以选择生活的方式,在喧嚣中,独守一片平静,在繁华中,坚持一份简单。在闲暇时光,随意捧一本爱看的书,细细回味幽幽冥想,享受淡淡的恬静与优雅,安静地陶醉在书香气息里……

不为眼前功名利禄而费心劳神,荣辱皆不惊,得失不计较,心平如镜,宁静从容,我们就会活得轻松,活得充盈,活得有滋有味。

5.快乐不在于环境,在于心境

在日常生活中,我们经常会被各种烦恼所困:工作不好,没钱或没房,先进评比没分,受冤枉挨批评等。对这类事情,如果能保持快乐心境,心里就会想得开,就能妥善对待、处理好这些事情。如果总是想不开,越想越气,言行就会出现反常现象。甚至为了一点小事,大闹一场,出言不逊,使自己的人品大为降格,人际关系受损。

人的心情总是会受到事情的影响,很多时候我们是在做着心情的奴隶。任何人都不会一帆风顺。很多时候,遇到的各种问题会让人身心俱疲,深陷其中。此时,最需要做的是调整好心态,我们永远无法控制事情,比如生老病死、挫折失败以及各种不幸的降临等,但是我们永远可以选择自己的心情。无论如何,常用良好心态对待生活,也许一切都会变得简单、从容,快乐就会如影随形。

　　苏格拉底年轻时,曾和几个朋友一起挤住在一间不足十平方米的房间里,一天到晚总是很快乐。有人奇怪地问他:"人那么多,屋子却那么小,你为什么还这么高兴呢?"

　　苏格拉底说:"朋友们住在一起,随时可以交流思想、交流感情,难道这不是值得高兴的事吗?"

　　过了一段日子,朋友们相继成了家,先后搬了出去,小屋里只剩下苏格拉底一个人,但他每天仍然很快乐。

　　那人又问:"现在只剩下你一个人了,多孤单呀,为什么你仍然很高兴?"

　　苏格拉底说:"我和很多好书日夜相伴,这怎么不令人高兴呢?"

　　又过了几年,苏格拉底也成了家,搬进了一座楼里,他家住在一楼,条件很差,不安静,也不卫生。那人见苏格拉底还是快乐的样子,就好奇地问:"你住这样的房间,也感到很高兴吗?"

　　"是呀!"苏格拉底说,"住一楼有不少便利之处啊!你看,进楼就是家,不用爬楼梯;搬东西很方便,不必费很大的劲儿……特别让我满意的是,可以在楼前楼后的空地上养一丛一丛的花,种一畦一畦的菜。"

　　后来,那人见到了苏格拉底的学生柏拉图,问他说:"你的老师总是那么快乐,我却感到不太理解,他所处的环境并不是很好呀?"

　　柏拉图回答说:"老师曾说过:'一个人快乐与否,主要的不在于环境,而在于心境。心境好,在不好的环境中也能快乐;心境不好,在好的环境中也不能快乐。'由于我的老师总是拥有快乐的心境,所以他总是快乐的。"

面对上天给予的种种恩赐与考验，怜爱与不公，我们或许无法改变事实，却可以以一种好心态来面对它。虽然心情受事情的影响，但是它毕竟是主观的，是可以受我们意志支配的。有好心情自然快乐无穷。

一位女作家在纽约街头遇到一位卖花的老太太。她穿着破旧，身体看上去也很虚弱，但脸上满是喜悦。女作家挑了一朵花，问："你为什么总那么高兴呢？""为什么不呢？一切都这么美好。"老太太回答说。"你很能承担烦恼。"女作家又说。老太太的回答令她吃惊："耶稣在星期五被钉在十字架上时，那是全世界最糟糕的一天，可三天后就是复活节了。所以，当我遇到不幸时，就会等待三天，一切就恢复正常了。"

事实就是这样，当你以一种豁达、乐观的心态面对生活时，眼前就会光明一片。相反，当你被悲观忧郁的思想囚禁时，未来就会变得黯淡无光。人生本无所谓得失，你心情的好与坏，全在于你自己。

在喧闹的生活环境中，内心能够保持宁静的人，他的心肯定也是快乐的。所以一个人对生活的感受，不在于其所处的环境，关键在于其心境如何。"人心有真境，非丝非竹，而自恬愉；不烟不茗，而自清芬。"人心中如果有真境，没有音乐，仍然会感到欢快愉悦；不煎水，不品茶，而自然会有清香芬芳之气袭来。

许多时候，我们不能改变生活，但是我们能够改变自己的心态，心态变了，别人对你的态度就会变，你做事的效率就会变，事情的结果当然也会变。当你微笑着看世界的时候，世界就是阳光灿烂的。

6.放下世俗烦恼，不让自己的心灵蒙尘

俗话说："人往高处走，水往低处流。"这不仅写出了水的谦卑与宁和，同时也反映出人的不满足——总想位居高层，不愿意居下，不愿意像水那样谦逊，因此，人才会时时刻刻处在紧张的状态之中，才会充满烦恼与不安。实际上，"世间本无事，庸人自扰之"，在你汲汲于"登高远望盼成功"的时候，你的烦恼便会滋生。因此，佛语有云："忧者即烦恼也。"也就是所谓忧心、忧人、忧天下。道家对忧者的解释为："忧心者伤神，忧人者伤力，忧天下者伤德也。故无忧为养生之道。"可以说，烦恼对于人们来讲是百害而无一利的。无忧者就是指那些放下了忧思、烦恼的人。能够放下烦恼是修身养性的最高境界，因为很多人都想要放下烦恼，但是他们却难以控制，虽然说要放下，但他们的行动却与他们口中所言的放下截然相反；还有一些人，虽然表面上看起来是放下了烦恼，但其实不然，一旦出现导火素，烦恼便会如同洪水暴发一般一发不可收拾，使人再难以压下、忘却。

事实上，人们放不下的东西太多，譬如有些人自觉身份高贵，于是大事干不来，小事不愿干。然而，但凡成功人士，他们之所以能够取得现在的成就，就是由于他们放下了许多应该放下的东西，让自己轻装上阵，不背负过多的压力与烦恼，向目标前进。而这些人，放弃的最多的就是烦恼。也正是因为如此，烦恼才是修身养性中最该摒弃的东西。唯有放下烦恼，才能达到修身养性的最高境界。

每个人的心理或多或少都会存在着一些烦恼，而有些人正是因为不知道如何放下烦恼，日积月累后，他的心理便会产生忧郁情绪，或是会产生消极的想法，这时候，烦恼已经成为一种致命的烈性毒药。因此，现在很多人都提倡亲近自然，以消除忧虑。然而，对于那些不肯轻易放下自己

内心的忧虑、烦恼的人来讲,再轻松的生活他们也无法感受到,再美好的景色他们也无暇欣赏。

只有放下烦恼,抛开那些让自己忧郁的杂念,才会让自己脱离烦恼这剂致命的毒药,享受到心底的宁静。

有一位虔诚的佛教教徒,她每天都从自己的花园里,摘下最鲜艳的鲜花到山上的寺院供佛。有一天,当她一如往常地将花朵送到佛殿前面时,正好遇到了寺院住持明德禅师从法堂走了出来,明德禅师看到这个妇女后,欣喜地对她说:"你每天都这么虔诚地以鲜花供奉佛祖,三年来从未间断过,依照经书的记载,常以鲜花供佛者,来世定当得庄严宝相的福报,而你的今生也会过得十分顺利,无忧无愁。"

佛教徒听后十分高兴,对明德禅师说:"这是我应该做的。我每天只要一来到寺院,就会觉得内心一片宁静,十分空灵,似乎凡尘俗世都离自己远去,每一次来到寺院,我的心灵都像是受过了洗礼一般。但是一回到家中,我就又觉得烦躁不安,心中生出很多的烦恼。大师,我作为一个普普通通的家庭妇女,如何在喧嚣的尘世中保持一颗平静的心灵,让烦恼离我远去呢?"

明德禅师没有回答她的话,反而问道:"施主,我见你常常以鲜花礼佛,相信你对于如何饲养花草一定有一些自己的见解,那么我现在问你,你是怎样保持花朵新鲜的呢?"佛教徒回答:"要想保持花朵的鲜艳,每天必须换水,最重要的是在换水的同时要将花梗剪去一截,否则花梗泡在水里的一端容易腐烂,在花梗腐烂后就不易吸收水分,这样一来,花朵就容易凋谢,不再保持鲜艳。"

明德禅师继续说:"施主既然明白要想保持花朵的鲜艳就要将腐烂的花梗去掉,那么保持一颗纯净的、无烦恼的心灵,它的道理也是一样的。我们生活的社会就像是瓶子里面的水一样,我们自身就是装在瓶子里面的花,只有不断地净化我们的心灵,去除心灵上的烦恼,不断地将烦恼、忧愁、怨恨丢弃,才能不断吸收到精纯的养料。"

佛教徒听后,欢喜作礼,对明德禅师感激地说:"谢谢大师的开导,希望以后还能有机会再接近大师,聆听大师的教诲,过一段寺院的禅者生活,去除心灵上的杂质,将所有的烦恼都放下,以一个轻松纯净的心灵面对以后的生活。"

明德禅师接着说道:"只要你懂得放下,悟得何为禅,那么这世间的每一寸土地都是净土,又何须专门来到寺院生活呢。"

可以说,一个人只要自己能够将执妄放下、将烦恼抛开,那么这个人即使身在闹市,他的心灵也依然是平静的;但是如果一个人心有妄念,心中总有千万结解不开,每天都愁眉不展的,即使他身处在深山古寺之中,也会被烦恼这剂毒药困扰,无法保持心灵上的平静。只有让自己的心灵平和下来,将所有困扰自己的烦恼通通抛开,人们才能达到菩提的境界,才能获得内心的一片清凉。

人生就像是天气一样,有阴有晴。一个善于将烦恼抛弃的人,就像是太阳一般,总是给人带来希望,带来光明,在他的周围充满了欢乐。而一个心中时时充满了烦恼的人,就像是乌云一般,既遮蔽了别人,又让自己陷入一片阴霾当中,他看不到人生的光亮,任由自己在一片黑暗中沉沦、毁灭。实际上,很多时候,人们都不必为某件事而烦恼,只要换一个角度思考,就可以将坏事变为好事,将缺点变为优点。一旦人们能够将烦恼放下,就会发现自己充满了活力与朝气,自己也变得开心起来,同时还感染了他人。

实际上,放下烦恼是一种人生大智慧。

一位老员外十分喜欢代表富贵的牡丹花,因此他的庭院里种满了牡丹。有一天,老员外邀请自己的好友来家中赏花,此时正是牡丹花开得最灿烂的时候,每一个看到这些牡丹花的人都是赞不绝口。这时候,一位观察细致的朋友开口说："你的牡丹是很漂亮,甚至比花匠精心培育的牡丹还要漂亮,但是你发现没有,你所养的牡丹每一朵都不是那么完美,每一朵花的花瓣边上都或多或少有所残缺,这不是代表着富贵不全么?"老员外听了之后心里十分不舒服,但是碍于情面又没有表现出来,而此时,另一个朋友却笑呵呵地说:"牡丹花的花瓣边上有所残缺,不正是应了那句'富贵无边'的老话么?你的花还真是会长啊,真是可喜可贺啊。"老员外听到这个朋友的话后立刻开心地笑了起来。

后来,听说那位只注意到牡丹花的残缺的朋友,总是一肚子的烦恼,家人从没见他开心地笑过,他的身体也越来越差,没过几年便郁郁而终;而那位认为牡丹花残缺代表着富贵无边的朋友,平时总是乐呵呵的,他身边的朋友也越来越多,因此,直到他九十岁的高龄,他的身体还十分硬朗。

可以说,当一个人心中充满烦恼的时候,这样的情绪会直接影响一个人的身体健康,只有从心里改变对烦恼的偏执,才能阻止烦恼这剂毒药对身体和心灵的侵蚀,人们才能够健康快乐、轻松地生活。

7.接纳自己,善待自己

有一句俗话叫"心静自然凉",这说明人在平静的时候,感觉应该是凉爽的。夏天人心里为什么会感觉烦闷?因为燥热,越热心越不能平静,虽然人的体温基本保持在37度左右,但由于心不静,外在环境给人的影响就占了上风。真正静下来,外在的影响消失了,才能找回真实的自我。

一个人的心处于绝对安静状态时，便可以从容思考各种疑难，从容应对多方杂务。可是，现实生活中，却有许多事让我们静不下心来。对金钱、地位的追逐，工作上的不如意，心理的不平衡，别人的闲言碎语，等等。无时无刻不在影响着我们的心情，左右着我们的行动。

还有些人在社会交往中为了博得他人的欢心，将自己变成了一条"变色龙"，有时他们还不惜改变自己的立场和观点，甚至牺牲自己的人格，这实在是一种不可取的处世态度。同自我否定心理一样，寻求赞许心理会导致各种自我挫败行为，从而会使自己丧失生活热情。

日本哲学家西田几多郎有一首诗："人是人，我是我，然而我有我要走的道路。"是啊，我们有我们自己的生活目标和生活方式，如果我们自己不能选择自己喜爱的生活方式，走自己想走的路，而是处处要看别人的脸色行事，这无疑是在为别人而活，这样的活法又有什么意义呢？一个人如果凡事都想讨到别人的欢心，那他就会慢慢沦落为一个心理乞丐。

改变这种状况的条件，不仅包括了头脑聪明，亦须具有"不在乎别人"的那种定力。这种定力，并非人人都能够做得到。

有这么一个故事：

白云守端禅师有一次和他的师父杨岐方会禅师对坐，杨岐问："听说你从前的师父茶陵郁和尚大悟时说了一首偈，你还记得吗？""记得，记得。"白云答道："那首偈是：'我有明珠一颗，久被尘劳关锁，一朝尘尽光生，照破山河星朵。"语气中免不了有几分得意。

杨岐一听，大笑数声，一言不发地走了。白云怔在当场，不知道师父为什么笑，并为此愁烦不已，整天都在思索师父的笑，怎么也找不出他大笑的原因。那天晚上，他辗转反侧，怎么也睡不着，第二天实在忍不住了，大清早便去问师父为什么笑。杨岐禅师笑得更开心了，对着因失眠而眼眶发黑的弟子说："原来你还比不上一个小丑，小丑不怕人笑，你却怕人笑。"

白云听了，豁然开朗。是啊，只要自己没有错误，笑又何妨呢？

也许你还有这样的感受，做人做事，哪怕是穿一件新衣服，说一句什么话，都会不自觉地考虑到别人会怎样看，会不会不高兴，总想办法，尽量按照别人的期望去做，担心顺了姑心失了嫂意，怕别人失望，被别人笑话，甚至责骂。对于偶尔未能尽如人意，或听到背后有人非议自己，就耿耿于怀而不可终日。

其实，一个人将生活的焦点和生命的重心放在看别人的眼光、脸色和喜恶上，千方百计去克忍自己，迎合别人，是非常愚蠢的，且不说千人千性，众口难调，你不可能满足所有人的要求，即使能，也只能扭曲自己，最终失去自己，失去自己的生活乐趣和生命价值。

所以，人最要紧的不是在争取别人怎么看你，而是要考虑自己的路该怎么走，怎么走才能走得更好。千万不要按别人的思维来对待自己，对待社会，什么鸣冤叫屈、埋怨自己、怨天尤人，敌对别人，仇视社会，只能上了别人的当，中了别人的圈套，那些存心搬弄是非的人，其目的就是要让你没有好日子过。

环顾我们的周围世界，我们会十分明显地感到一点，要想使每个人都对自己满意，这是十分困难而且不大可能的。实际上，如果有50%的人对你感到满意，这就算一件令人愉悦的事情了。要知道，在你周围，至少有一半人会对你说的一半以上的话提出不同意见。只要看看西方的政治竞选就能够明了：即使获胜者的选票占压倒多数，但也还有40%之多的人投了反对票。因此，对一般的常人来讲，不管你什么时候提出什么意见，有50%的人可能提出反对意见，这是一件十分正常的事情。

当你认识到这一点之后，你就可以从另一个角度来看待他人的反对意见了。当别人对你的话提出异议时，你也不会再因此而感到情绪消沉，苛责别人或者为了赢得他人的赞许而即刻改变自己的观点。相反，你会意识到自己刚巧碰到了属于与你意见不一致的50%中的一个人。只要认识到你的每一种情感、每一个观点、每一句话或每一件事都总会遇到反对意见，那么你就不会轻易改变自己的立场了。

总是对生活不满和抱怨的人，大都因为不能接纳自己。常言说得好，人生不如意十之八九，人生道路怎么可能一帆风顺？生活总会有酸甜苦辣、喜怒哀乐，尤其是现代的生活，压力空前巨大，处处可以听到牢骚和痛骂的声音，仿佛对这样的生活充满了仇恨，恨不能飞到外星球，与这样的生活一刀两断！

可是，这样排斥生活只能让我们更痛苦，同时，也让我们对自己越来越不满意。"为什么我处处不如别人?!"这是很多人的心声。是啊，我们可能没有一个好爸爸，没有高学历，没有钱，没有漂亮的脸蛋，没有聪明的大脑，没有好工作，没有好运气，没有房子，没有对象……当我们不能肯定自己，只把权势、虚荣、占有来肯定自己时，就会显得非常脆弱，非常容易被蒙蔽，非常容易在这个物欲横流的世界迷失自己。

月有阴晴圆缺，人有旦夕祸福。生活往往无常。面对生活中的财富，可以去尽情享受，开阔眼界，陶冶性情，饱览世界风情，过上充实的生活。实际上，很多在文学上有成就的人是出身富贵，因为他们从小有条件饱读诗书，长大后周游世界，也可以尽情挥洒自己的才能。

可是我们大部人没有这样的条件，我们的生活困窘，不能去享受富足的生活。但是这并不意味着我们的生活就很糟糕，我们同样有追求幸福生活的权力。当我们感到生活的贫乏时，要学会去探寻生活的艺术，也要学会思考，不要把思维局限在一个框架里，这样我们就会发现，生活其实很动人，只是我们被偏见蒙蔽了眼睛。

《庄子》里有一段动人的故事。子祀和子舆是一对非常要好的好朋友。有一天，子舆突发疾病，作为好朋友，子祀前去探望。两人见面交谈时，子舆站在镜子面前，调侃自己说："神奇的造物主啊！竟让我变成驼背！背上还生了五个疮，因为过于佝偻我的面颊快低伏到肚脐上了。两肩也高高地隆起，比头顶还高，你看，我的脖颈骨竟朝天突起！"

子舆是因为感染了阴阳不调的邪气，所以才变成上面他所说的那副怪模样。但是子舆没有指天骂地，还颇为自得地一步步走到井边，从井里看自己现在的这副样子，又开自己的玩笑说："哎哟！伟大的造物主又要把我变成这滑稽的模样呢！"

子祀有些担心，就问："你是不是厌恶这种病？"子舆说："不，我不厌恶，我为什么要厌恶这种病？如果我的左臂变成一只鸡，那我便用它报晓；如果我的右臂变成弹弓，那我便用它去打斑鸠烤野味吃；如果我的尾椎骨变成车，那我的精神就变成马，这样我就四处遨游，无需另备马车了。得是时机，失是顺应，如果人能安于时机并能顺应变化，那无论是喜是悲都不能侵犯心神，这就是所谓的'解脱'。如果人不能自我解脱，就会被外物所奴役束缚。物不能胜天，这是事实，当我不能改变它时，我为什么不接纳它呢？"

这则故事，真是道尽了生活的智慧。人必须接纳生活，"安于时机并能顺应变化"，才能好好地生活，才能让心神不受侵犯。看看子舆的态度，对自己丑陋的外表非但没有怨天尤人，反而幽默起来，调侃自己，甚至对自己欣赏起来。所以说，人唯有接纳生活、接纳自己，感情和理智才不矛盾，才不会造成烦恼。

接纳自己不是划地自限，而是认清自己。每个人都有优点和缺点，有其特有的能力、经验和机遇，只有接纳自己，生活才可能变得朝气蓬勃，只有接纳才有喜悦，才知道痛下针砭。否则，就等于是在否定生活、否定自己，那样很容易迷失自己，会在生活上感到空虚和无奈。

在现实生活中，不管遇到什么挫折都要接纳自己，当你想起生活的如意时，多想想自己的优点。一个懂得接纳生活、接纳自己的人，会把握住自己的做人准则，以自己的言行塑造自己的人生。

在一个不大的小镇上，有一个退伍军人，他少了一条腿，只能挂着一根拐杖走路。一天，他一跛一跛地走过镇上的马路，过往的人都带着同情的语气说："你看这个可怜的家伙，难道他要向上帝祈求再有一条腿吗？"退伍军人听到了人们的窃窃私语，他便转过身对他们说："我不是要向上帝祈求再有一条腿，而是要祈求上帝帮助我，让我失去一条腿后，也知道该如何把日子过下去。"

人生最大的痛苦莫过于跟自己过不去，一个人生活的幸福与否，完全取决于自己对待生活的态度。当你不能接纳生活、接纳自己时，你就会感觉生活就是无边的苦海，人生就是煎熬。相反，如果你能保持良好的心态，接纳现实的生活和自己，你就会发现生活中的每一天都充满了阳光！

正如印度的哲学家奥修所说："学习如何原谅自己。不要太无情，不要反对自己。那么你会像一朵花，在开放的过程中，将吸引别的花朵。"

测试：你常被紧张情绪困扰吗？

紧张是人体在精神及肉体两方面对外界事物反应的加强。我们知道，适度的紧张是我们生活和生存所需要的，但过度的紧张则使人睡眠不安，思考力及注意力不能集中，严重时可引起头痛、心悸、腹背疼痛、疲累等症状。那么，你是否常常被紧张情绪所困扰呢？你能保持一份平常心吗？

1.你时常怀疑别人对你的言行是否真的感兴趣吗？

A.是的

B.不太确定

C.不是的

2.你神经脆弱,稍有一点刺激你就会战栗起来吗?

A.时常如此

B.有时如此

C.从不如此

3.早晨起来,你常常感到疲乏不堪吗?

A.是的

B.不太确定

C.不是的

4.在最近的一两件事情上,你觉得自己是无辜受累的吗?

A.是的

B.不太确定

C.不是的

5.你善于控制自己的面部表情吗?

A.不是的

B.不太确定

C.是的

6.在某些心境下,你会因为困惑陷入空想,将工作搁置下来吗?

A.是的

B.不太确定

C.不是的

7.你很少用难堪的语言去刺伤别人的感情吗?

A.不是的

B.不太确定

C.是的

8.在就寝时,你常常:

A.不易入睡

B.不太确定

C.极易入睡

9.有人侵扰你时,你:

A.总要说给别人听,泄泄已愤。

B.不太确定,可能不露声色,也可能说给别人听,泄泄已愤。

C.能不露声色。

10.在和人争辩或险遭事故后,你常常感到震颤,筋疲力尽,而不能继续安心工作吗?

A.是的

B.不太确定

C.不是的

11.你常常被一些无谓的小事所困扰吗?

A.是的

B.不太确定

C.不是的

12.你宁愿住在嘈杂的闹市区,也不愿住在僻静的郊区吗?

A.不是的

B.不太确定

C.是的

13.未经医生许可,你是从不乱吃药的吗?

A.是的

B.不太确定

C.不是的

评定标准:

以上各题选A得0分,选B得1分,选C得2分,然后累计总分。

测试结果：

16～26分：你时常被紧张情绪困扰。

你时常被紧张情绪困扰，缺乏耐心，心神不定，过度兴奋；时常感觉疲乏，又无法摆脱以求宁静。在集体中，对人和事缺乏信念。每日生活战战兢兢，不能控制住自己。你可以认真分析一下导致心理紧张的原因，如果是外来的，要设法克服；如果是内在的，就应学会"忙里偷闲"，培养多方面的兴趣，使自己绷紧的弦放松下来。

9～15分：你有适度的紧张情绪。

你紧张度适中，利于完成自己的学习或工作任务，生活得充实；偶有高度紧张之感，可积极加以控制和调节。

8分以下：你总是心平气和。

你心平气和，通常知足常乐，能保持内心的平衡。但有时过分疏懒，缺乏进取心。你要提高自己的进取心，不能过分安于现状。